AI的100个关键

李尚龙
著

台海出版社

图书在版编目（CIP）数据

AI 的 100 个关键 / 李尚龙著 . -- 北京 : 台海出版社 , 2025. 4. -- ISBN 978-7-5168-4133-4

Ⅰ. TP18-49

中国国家版本馆 CIP 数据核字第 2025R6A283 号

AI 的 100 个关键

著　　者：李尚龙

责任编辑：魏　敏　　　　封面设计：呦鹿 1015838109@qq.com · 永有熊

出版发行：台海出版社
地　　址：北京市东城区景山东街 20 号　邮政编码：100009
电　　话：010-64041652（发行，邮购）
传　　真：010-84045799（总编室）
网　　址：www.taimeng.org.cn/thcbs/default.htm
E-mail：thcbs@126.com

经　　销：全国各地新华书店
印　　刷：三河市嘉科万达彩色印刷有限公司
本书如有破损、缺页、装订错误，请与本社联系调换

开　　本：880 毫米 ×1230 毫米　1/32
字　　数：180 千字　　印　　张：8.5
版　　次：2025 年 4 月第 1 版　　印　　次：2025 年 4 月第 1 次印刷
书　　号：ISBN 978-7-5168-4133-4

定　　价：69.80 元

目录

01 AI 是什么——让机器变聪明的技术 003

02 算法是什么——计算机的“思考方式” 005

03 AI 思维是什么——从“问人”到“问 AI” 007

04 机器学习与 AI 的关系——让机器学会经验 010

05 深度学习是什么——AI 的“神经网络”大脑 013

06 大数据与 AI 的关系——数据是 AI 的“养料” 015

07 人工神经网络是什么——模仿人脑的计算方式 018

08 AI 的进化能力——它是如何变得越来越聪明的 021

09 AI 有自我意识吗——现阶段仍然是工具 024

10 AGI 是什么——未来的“超智能”目标 029

第二部分 AI 的核心技术

11 AI 的“阅读理解”——自然语言处理 033

12 AI 的“眼睛”——计算机视觉 036

13 AI 的“耳朵”——语音识别 038
14 AI 的“创意大脑”——生成式 AI 040
15 AI 的“超级大脑”——大语言模型 042
16 GPT 是什么——生成式预训练模型 045
17 AI 训练的过程——如何教会机器学习 047
18 AI 推理的原理——让机器“做决策” 050
19 什么是强化学习——让 AI 学会“试错” 053
20 AI 的记忆能力——AI 是如何“记住”信息的 056

第三部分 AI 的应用

21 AI 写作助手——AI 能帮你写文章 061
22 AI 绘画——AI 如何创作艺术作品 064
23 AI 在医疗中的应用——预测疾病、辅助诊断 068
24 自动驾驶——AI 如何开车 072
25 AI 与机器人——它们有什么不同 075
26 AI 客服——AI 如何回答问题 077
27 智能推荐系统——为什么 AI 知道你喜欢什么 080
28 AI 翻译——AI 如何快速翻译语言 084
29 AI 音乐创作——AI 如何作曲 088
30 AI 在教育中的应用——个性化学习助手 092

第四部分 如何与 AI 互动

31 如何高效使用 AI——提问的艺术 097
32 提示词工程——让 AI 给出最佳答案 099
33 如何用 AI 进行头脑风暴——AI 助你打开思路 101
34 如何用 AI 整理笔记——AI 帮你做总结 103
35 AI 可以写代码吗——让 AI 成为你的编程助手 104
36 如何用 AI 制作 PPT——让 AI 生成演示文稿 105
37 如何训练自己的 AI 模型——AI“私人助理” 107
38 AI 如何帮助我们学习新知识——高效获取信息 109
39 如何利用 AI 提高生产力——让 AI 做重复性工作 114
40 如何判断 AI 的回答是否可靠——AI 可能犯错 119

第五部分 AI 的挑战与未来

41 AI 的偏见问题——AI 也可能不公平 127
42 AI 的伦理问题——如何防止 AI 被滥用 129
43 AI 会取代人类的工作吗——AI 带来的机遇与挑战 131
44 AI 会影响创意行业吗——AI 如何影响艺术创作 133
45 AI 是否能超越人类——AI 的局限性 137
46 AI 会发展出情感吗——AI 的未来猜想 138
47 量子计算与 AI——未来计算力的爆炸式提升 140

48 AI 能预测未来吗——数据驱动的预测能力 142
49 AI 与隐私安全——个人信息如何保护 144
50 AI 的下一个突破点是什么——AI 的未来趋势 146

第六部分 AI 小实验

51 让 AI 写一首诗——AI 的创作能力 151
52 让 AI 设计一个 Logo——AI 的设计能力 153
53 让 AI 写一封道歉信——AI 的文字表达能力 155
54 用 AI 生成一幅漫画——AI 的绘画技能 157
55 让 AI 编一个笑话——AI 的幽默感 159
56 让 AI 模拟一次面试——AI 的面试对答能力 161
57 让 AI 给你讲解一个复杂概念——AI 的知识储备 162
58 用 AI 分析你的写作风格——AI 评估文本的能力 164
59 让 AI 推荐一本书——AI 的个性化推荐能力 166
60 让 AI 改进你的学习计划——AI 优化时间管理的能力 168

第七部分 AI 相关的未来职业

61 AI 工程师——设计和训练 AI 的人 171
62 数据科学家——AI 的“养料”管理者 173

63 AI 产品经理——规划 AI 应用的人 175
64 AI 伦理专家——监督 AI 的公平性 177
65 AI 法律顾问——解决 AI 相关法律问题 178
66 AI 医疗专家——AI 如何影响医学 180
67 智能机器人开发者——让机器人更智能 182
68 AI 在金融领域的应用——预测市场趋势 184
69 AI 在娱乐行业的应用——电影、游戏与音乐创作 186
70 未来的 AI 职业是什么——你可以创造新的工作 187

第八部分 有关 AI 的学习资源

71 有哪些 AI 学习网站——推荐入门资源 191
72 如何学 Python 编程——AI 编程语言入门 193
73 如何用 AI 写代码——AI 辅助编程工具 195
74 如何使用 AI API——让 AI 接入你的应用 197
75 推荐几本 AI 相关的书籍——AI 爱好者的必读书目 199
76 有哪些免费的 AI 工具——体验 AI 的最佳方式 204
77 如何关注 AI 的最新动态——AI 新闻与社区 206
78 AI 竞赛与挑战——参与 AI 项目提升技能 208
79 AI 学习的误区——避免常见错误 211
80 如何找到与 AI 相关的工作——AI 行业的就业指南 215

附录 20 个 AI 思维

01 从“背知识”到“会提问” 223
02 从“填鸭式学习”到“个性化教育” 225
03 从“纸质书”到“动态知识” 227
04 从“靠经验”到“数据驱动” 229
05 从“写代码”到“对话编程” 231
06 从“人找工作”到“AI 匹配岗位” 233
07 从“死记硬背”到“即时调用” 235
08 从“标准答案”到“创造性思维” 237
09 从“固定职业”到“多职业切换” 239
10 从“单人工作”到“人机协作” 241
11 从“医生诊断”到“AI 辅助医疗” 243
12 从“人教 AI”到“AI 自我进化” 245
13 从“专属助手”到“人人 AI 秘书” 247
14 从“拍照存档”到“AI 记忆增强” 249
15 从“电视遥控器”到“语音控制一切” 251
16 从“通勤上班”到“虚拟工作空间” 253
17 从“普通搜索”到“智能知识引擎” 255
18 从“人类创作”到“人机共创” 257
19 从“千篇一律”到“超级个性化” 259
20 从“人与人沟通”到“人与 AI 交互” 261

AI 的基本概念

— 第一部分 —

AI 是什么——让机器变聪明的技术

你有没有想过，为什么你的手机可以解锁你的脸，为什么淘宝能精准推荐你想买的商品？为什么 ChatGPT（Chat Generative Pre-trained Transformer，一款聊天机器人程序）可以回答你的问题，而不是像以前的计算机那样只能按固定指令执行任务？

这些背后，其实都是 AI（Artificial Intelligence，即人工智能）在默默工作。

AI 到底是什么

简单来说，AI 就是让机器像人一样思考和决策的技术。如果普通计算机像台“计算器”，只会按照指令运算，那 AI 更像是个“聪明的助手”，它可以学习、理解、推理和预测。

比如，你让传统计算机算 1+1 等于几，它就给你 2，但如果你问它“苹果和香蕉有什么区别？”它就蒙了。

AI 就像一个“学习能力超强的学生”，如果你给它足够的例子和数据，那么它就能自己总结规律，并回答你各种复杂的问题，比如“苹果和香蕉哪个更有营养？”

换句话说，AI 的核心在于学习，而不是单纯地执行命令。

AI 的“学习”能力是怎么来的

你有没有发现，小时候学认字，老师会拿出很多苹果的图片，告诉你：“这是苹果。”等你看过足够多的苹果，再看到任何一个苹果，你就能自己认出它。

AI 也是一样。它需要大量的数据来训练。比如：

给 AI 展示成千上万张不同的交通工具的照片，它就能学会分辨汽车、飞机和轮船。

给 AI 听成千上万条人的语音，它就能学会语音识别，并准确转换成文字。

给 AI“喂”入大量书籍和文章，它就能学会写作，甚至能模仿不同的写作风格，从诗歌到商业计划书都可以生成。这就是 AI 的“学习”过程，它不靠死记硬背，而是通过数据不断优化自己。

AI 会越来越聪明吗

有人担心，AI 会不会像电影里演的那样取代人类“统治世界”？其实，AI 本质上只是工具，和计算器、电脑一样，最终还是由人类来控制。

目前，AI 虽然能识别、学习、决策，但它没有真正的“意识”和“情感”。换句话说，它是个超级聪明的“助手”，但并不会有人的情感，也不会主动想要“统治世界”。

未来，AI 会越来越强大，但更可能的是，它会成为人类更好的工具，帮助人类解决更多问题，而不是取代人类。

算法是什么——计算机的“思考方式”

什么是算法

算法（Algorithm），简单来说，就是计算机用来解决问题的“步骤清单”。就像你做饭要按步骤来，计算机完成任务也要按一定的规则执行。

举个例子：

做泡面 = 一套算法

第一步：烧水；

第二步：打开泡面包装袋；

第三步：把面饼放进碗里；

第四步：倒入热水，等待 3 分钟；

第五步：加入调料包，搅拌均匀。

这个流程就像一个“泡面算法”，任何人按照这个步骤来，都能做出泡面。

计算机也是一样，它运行的每个程序，都是一个个算法组成的。比如搜索引擎、导航系统、AI 推荐系统，它们的核心都是不同的算法在工作。

传统算法是有固定规则的，比如：

- 计算 1+1=2，计算机只要按照设定的数学公式，就能直接得出答案。
- 排序算法（比如 Excel 里给数字从小到大排序），按照固定的逻辑进行排列，没有变化。

但 AI 的算法不同，它是“会学习”的，比如：

- 你在抖音上刷视频，AI 会观察你喜欢停留的内容，然后自动调整推荐顺序，变得越来越懂你的喜好。
- AI 下围棋，它不会按照固定规则走棋，而是通过不断学习高手的棋谱，自己摸索最优策略。

所以，AI 的算法是“动态的”，能随着数据的增加不断优化自己，而传统算法则是固定不变的。

你需要记住的几个关键点

- 算法 = 计算机的“思考方式”，是解决问题的步骤清单。
- AI 算法是动态的，它能随着数据的变化不断学习和优化，而传统算法是固定的。
- AI 的学习方式有三种：监督学习、无监督学习、强化学习。
- 算法无处不在，短视频、智能翻译、导航、医疗 AI，都依赖强大的算法支持。

所以，下次当你刷短视频刷得停不下来，或者 AI 帮你翻译了一句流畅的英文时，不妨想一想——这一切的背后，都是算法在默默工作！

AI 思维是什么——从“问人”到“问 AI”

AI 思维：改变信息获取方式

过去，我们遇到问题时，通常会向老师、家长或朋友请教，甚至翻阅书籍寻找答案。但在 AI 时代，信息的获取方式发生了巨大变化。你不仅可以向搜索引擎提问，还能直接与 AI 对话，让它为你提供解释、总结甚至解决问题的方案。这种新的思维模式，就是 AI 思维。

AI 思维的核心

AI 思维不仅仅是使用 AI，更是一种利用 AI 高效获取信息、分析问题、做出决策的能力。它包含以下几个关键点：

学会提问：清晰、具体的问题能让 AI 提供更准确的答案。

理解 AI 的能力与局限：AI 并不全能，有些问题它可能给出错误或模棱两可的答案。

优化思维逻辑：学会拆解复杂问题，逐步引导 AI 给出最佳答案。

人机协作：与其把 AI 当作“答案生成器”，不如把它当作“思考伙伴”，通过人机交互不断优化结果。

从“搜索”到“对话”

❶ 传统搜索方式

如果你想了解“如何提高英语写作能力”，你可能会在搜索引擎中输入“英语写作技巧”，然后阅读大量文章，从中总结有用的信息。

❷ AI 思维方式

你可以直接问 AI：“我想提高英语写作能力，可以从哪些方面入手？”

AI 不仅会列出建议，还能提供具体方法，如练习思路、写作模板，甚至批改你的文章。这种交互式学习方式比传统搜索更高效。

思维实验：从“搜索”到“对话”

❶ 目标

体验传统搜索和 AI 搜索两种方式的不同，感受效率与思维模式的转变。

❷ 步骤一：传统搜索方式

模拟问题：假设你想提升英语写作能力，请在某个搜索引擎（如百度）中输入以下内容：第一，英语写作技巧；第二，如何提高英语作文水平。

阅读搜索结果：第一，选择 3 个搜索结果打开文章；第二，从每篇文章中摘录 1 ~ 2 个实用建议。

总结：将这些建议整理成一份提升计划。

❸ 步骤二：AI 搜索方式

直接提问：打开 AI 工具（如“豆包”），向它提出以下问题：“我想提高英语写作能力，可以从哪些方面入手？”

获取答案：记录 AI 提供的建议，并特别注意其中的具体练习方法、模板或工具推荐。

进一步互动：继续向 AI 追问，如：“能帮我列出一个一周的写作练习计划吗？”或“这段文字能帮我修改一下吗？”

❹ 步骤三：对比与反思

效率对比：传统搜索耗时多久？ AI 回答耗时多久？

信息质量：哪种方式提供的信息更适合你的需求？

交互感：在 AI 模式中，你是否感受到更多的定制化和互动性？

任务挑战

- 利用 AI 给出的建议，写一段小作文（100 字左右），然后让 AI 批改，观察它的反馈。
- 提出一个延展性问题，比如“有什么有趣的方法能提高写作词汇量”，看看 AI 还能提供哪些创造性的思路。

机器学习与 AI 的关系——让机器学会经验

机器学习

你有没有想过，AI 是如何变聪明的？为什么它能根据你的观看记录推荐电影，或者在你输入几个字后就能预测出你想输入的内容？这背后的核心技术就是机器学习（Machine Learning）。

机器学习可以简单理解为：教机器像人一样“学习”，从数据中总结规律，并用这些规律做出预测或决策。

就像我们通过经验学会了看到天空有乌云可能会下雨、考试前多复习能得高分，机器学习是让计算机通过大量数据来“观察”和“总结”这些经验。它不需要人一步步告诉它每个规则，而是自己从数据中找到规律。

一个简单的类比

传统编程：我们告诉电脑“如果 A，就做 B”，比如“如果按钮被按下，就打开灯”。

机器学习：我们不直接告诉电脑规则，而是给它大量数据，比如“晴天、雨天和气温的数据”，让它自己发现“气温低且多云时更可能下雨”的规律。

生活中的例子

机器学习在日常生活中的运用随处可见，它令许多事情变得更便捷、更智能。

❶ 视频和音乐推荐

机器学习会分析你看过的视频、听过的歌，结合相似用户的数据，推荐你可能感兴趣的内容。比如你看了几部科幻电影，系统就会推荐类似题材的电影。

❷ 智能语音助手

语音助手使用机器学习来“听懂”你的语音并完成任务，比如播放音乐、设置闹钟、查天气。比如你说“明天提醒我去超市买牛奶”，它能理解并设置好提醒。

❸ 地图导航和交通预测

机器学习分析海量的历史交通数据，预测道路的拥堵情况，并为你规划最畅通的路线。比如导航告诉你“前方 10 千米处有车祸，推荐改道”，这就是它在实时计算最佳方案。

机器学习的核心是“预测”和“推荐”，它无处不在，为你的生活“量身定制”服务。你每次点击、搜索、消费的数据，都会被用来改进这些服务，让体验越来越贴心。

任务挑战：发现机器学习的影子

- 观察你的日常生活，思考哪些应用可能是基于机器学习的？

- 找一个你常用的 App，思考它是如何“学习”你的习惯的，比如推荐音乐、购物建议或者语音输入的纠错。

机器学习让 AI 变得更聪明，而你的每一次使用，都在帮助它“成长”。

05 深度学习是什么——AI 的“神经网络”大脑

深度学习：让 AI 模仿人脑

机器学习已经能让计算机从数据中学习，但它的能力仍然有限。比如识别手写字、理解语音或翻译语言时，传统机器学习的效果并不完美。为了解决这些问题，科学家们发明了深度学习（Deep Learning），它让 AI 能够模仿人类大脑的运作方式，从而在复杂任务上表现得更像“智能生物”。

深度学习可以用一句大白话来形容：教电脑用“类人脑”的方式去思考和学习。

❶ 人的大脑有很多个“神经元”，用来感知和处理世界

比如，当你看一张猫的照片，你的大脑会分层次去理解：第一层看到线条，第二层看到耳朵的形状，最后你认出它是猫。

深度学习就是模仿这种“分层”工作方式，让电脑从简单到复杂地分析数据。

❷ 教电脑认猫的例子

传统方法：人工告诉电脑“猫有毛、有耳朵、有四条腿”，然后让电脑自己去匹配这些特征。

深度学习：我们不用告诉它“猫的特征”，而是给它几千张

猫的照片，让它通过看这些照片自己学会，“哦，这就是猫的样子”。

深度学习可以用在哪里

照片识别：帮手机解锁你的脸。

翻译：把英语翻译成中文。

自动驾驶：识别路上的车、人、红绿灯。

语音助手：听懂你说的“播放音乐”。

总结

深度学习是教电脑像人一样“自己学会看世界”，它是人工智能最聪明的一部分，用得好，机器便能看、听、想。

 大数据与 AI 的关系——数据是 AI 的“养料”

没有数据，AI 就“饿”了

如果说 AI 是一个聪明的学生，那它的“教科书”就是大数据（Big Data）。大数据是指海量的、复杂的数据集合，AI 依靠这些数据进行学习和决策，就像人类需要读书、观察和实践才能成长一样。

为什么 AI 需要大数据

没有数据，AI 什么都学不会。机器学习和深度学习都需要大量数据来训练，否则 AI 就像一个没见过世面的小孩。

数据越多，AI 越聪明。AI 分析的数据越多，它的预测和判断就越精准。

不同任务需要不同的数据。AI 学会翻译需要语言数据，精准推荐电影需要用户的观看数据。

大数据与 AI 的关系

❶ 大数据是 AI 的“养料”

大数据提供了海量的信息供 AI 模型“吃”（训练）。没有足够的数据，AI 就像没原材料的厨师，无法做出好菜。例如：

- 自动驾驶汽车需要分析大量的行车视频数据，才能学会识别交通灯、行人和车辆。
- 翻译软件依靠海量多语言文本数据，才能翻译准确。

❷ AI 是大数据的“解读工具”

数据本身是杂乱的，但 AI 能发现有用的规律和模式，把数据转化为实际价值。例如：

- 医疗 AI 可以从大量患者的病历数据中发现早期疾病的征兆。
- 电商 AI 能根据用户浏览和购买记录，预测他们可能喜欢的商品。

❸ 大数据帮助 AI“越学越聪明”

AI 通过不断利用新数据优化自己的算法，变得更智能、更精准。例如：

- 语音助手通过采集全球用户的语音数据，逐步提高对各种口音和语言的识别能力。
- 社交媒体推荐算法通过分析每天新增的用户行为数据，改进内容推荐。

总结

大数据给了 AI“学习的材料”，AI 用这些材料变得更聪明，同时将大数据转化为对人有用的信息和价值。大数据和

AI 的结合，让世界变得更智能，同时也让我们的生活更加个性化。

任务挑战：你能发现大数据的痕迹吗

- 观察你的手机，有哪些应用是根据你的行为数据来推荐内容的？比如新闻推送、购物推荐、视频推荐。
- 打开你常用的网站，思考它如何使用数据来优化你的体验。

07 人工神经网络是什么——模仿人脑的计算方式

人工神经网络：AI 的“思考回路”

如果说深度学习是 AI 的“大脑”，那么人工神经网络（Artificial Neural Network）就是它的大脑结构。它模仿人类大脑的工作方式，通过“神经元”层层传递信息，让 AI 能够识别模式、学习经验，甚至做出复杂决策。

人工神经网络的基本结构

类比人脑：人脑由数十亿个神经元（neuron）组成，每个神经元通过突触相连，形成复杂的神经网络，帮助我们思考和学习。

AI 的人工神经网络：AI 的人工神经网络同样由输入层、隐藏层、输出层组成，每一层都会处理一部分信息。

就像人脑有无数个神经元连接在一起，人工神经网络也有许多“人工神经元”。它们一层层传递和处理信息，每一层负责一个“小任务”，最终共同完成复杂任务。

实际运用举例

❶ 面部解锁

第一层识别你的脸轮廓，比如脸的大小、形状。第二层分析更细节的特征，比如眼睛的位置、鼻子的形状。第三层综合所有信息，判断这是不是你的脸，并决定是否解锁。

AI 学习成千上万张人脸，理解“长得像你”的特征。

❷ 网购推荐

第一层分析你最近浏览的商品类型。第二层发现其他顾客买了什么类似的东西。第三层计算出你可能感兴趣的商品，推荐给你。

AI 模仿你“购物决策”的逻辑，用历史数据预测你的喜好。

❸ 医疗影像诊断

第一层看 X 光片上的简单特征，比如阴影、亮点等。第二层进一步分析这些特征是否符合疾病的症状，比如肿瘤的位置和大小。第三层给出诊断结果，比如“疑似肺炎”或“可能是肺癌”。

AI 通过学习海量的医疗影像和医生标注，快速发现病灶。

❹ 语音助手

第一层把你的语音信号转成文字。第二层理解你的语义，比如“几点了”是询问时间。第三层通过判断意图，给出合适的回答，比如“现在是下午 3 点”。

AI 学习识别各种口音和说话习惯，并给出智能回答。

❺ 自动驾驶

第一层识别路上的物体，比如车、人、红绿灯。第二层分析周围环境，比如速度、距离、方向。第三层判断行动，比如加速、刹车、转弯。

AI 学习无数行车数据，模仿老司机的驾驶行为。

总结

人工神经网络就是“模仿人脑的一套计算方法”，通过大量数据的训练，把复杂问题拆解成小任务一步步解决。它已经融入我们日常生活的方方面面，从手机、购物到医疗和交通，都有它的身影。

08 AI 的进化能力——它是如何变得越来越聪明的

AI 不是固定的，它会进化

你有没有发现，某些软件用了几年后功能没有变化，而 AI 却越来越聪明？这是因为传统软件是固定的，它不会自己变聪明，而 AI 可以通过不断学习数据，自主优化自己的能力。这种能力是 AI 最大的特点之一。

AI 会从过去的经验中总结规律，然后不断修正和改进自己。它越学越聪明，完全靠这三步：

❶ 学习：AI 靠“吃数据”变聪明

人类版：想学好数学，你得刷题，多练习才能掌握规律。

AI 版：AI 的“刷题”就是学习海量数据，比如图片、文字、声音，并从中找规律。

❷ 反馈：发现错了，及时纠正

人类版：你做了一道数学题，老师告诉你“答案错了”，你就知道哪里需要改正。

AI 版：AI 也是一样。当它出错时（比如把狗认成了猫），系统会告诉它“答案错了”，AI 就会调整自己的算法，下次不再犯同样的错误。

❸ 升级：学会了，就保存起来

人类版：学会了一道题型，你下次遇到类似的题就不用再学了。

AI 版：AI 会把学到的规律“存到脑子里”（也就是模型里），直接用这些经验来解决后续问题。

AI 为什么会越来越聪明

❶ 数据越来越多

就像你做题越多，知识就越扎实。AI 接触的数据越丰富，它的判断就越精准。比如 AI 早期的翻译生硬，后来通过海量文本数据和用户纠正，变得越来越自然。

❷ 算法越来越强

AI 背后的算法就像学习方法。科学家不断优化算法，相当于找到“高效学习”的方法，让 AI 能更快更好地总结规律。

❸ 硬件越来越快

AI 的“脑子”就是计算机芯片。它运转越快，AI 学得越快。比如过去训练一款 AI 要几个月，现在可能几天就能完成。

❹ 自我改进

有些 AI 还能“自己教自己”，通过模拟各种情况来试验和提升，比如围棋 AI 通过与自己下棋，打败了全世界的棋手。

总结

AI 的进化能力就是“学得多、改得快、用得巧”。它靠海量数据“开眼界”，用算法发现错误并改进，然后把学到的知识越存越多，最终变得越来越聪明。

09 AI 有自我意识吗——现阶段仍然是工具

AI 只是一个工具，而不是生命体

很多科幻电影里，AI 会变成人类的朋友，甚至发展出自我意识，比如《她》（*Her*）里的 AI 助手或者《终结者》中的天网。那现实中的 AI 真的能产生自我意识吗？

答案是：没有，至少目前还没有。

AI 虽然可以模仿人类的语言、创造艺术，甚至玩游戏打败世界冠军，但本质上仍然是一个计算工具。它的所有行为都是基于数据和算法的模式匹配，而不是真正的思考或情感。

为什么 AI 看起来像“活的”

❶ AI 能“对话”，但不是真的理解

你和 ChatGPT 聊天，它可以给出非常自然的回答，但它只是通过计算概率来预测下一个合适的词，并没有真正的想法。

❷ AI 能“学习”，但不是主动的

AI 不会自发去探索世界、提出问题，只能在人类给它提供数据的前提下进行训练。

例如，AI 和李世石、柯洁下棋并不是因为它喜欢，而是因为它的目标是“赢棋局”，这只是它不断优化达到这个目标的方式。

❸ AI 能“模仿”情感，但不是真的有情感

AI 可以分析你的文字，判断你是开心还是难过，并用“合适的”方式安慰你，但它并不是真的理解情绪。

它的“安慰”只是因为它发现“当用户表达悲伤时，说‘我理解你的感受’的回答通常更受欢迎”。

AI 和人类智能的最大区别

能力	AI	人类
学习方式	依赖数据和算法	通过经验、情感和创造力
是否有意识	没有，只是计算	有主观感受和独立思考能力
情感	可以模拟，但不是真的	真实存在
自我驱动	需要人类训练和输入数据	可以自己决定学习、探索世界

目前，AI 就像一个超级强大的计算器，它能处理大量信息、发现模式，但它没有真正的自我意识。

任务挑战：让 AI“暴露”自己没有意识的一面

- 问 AI：“你喜欢什么？”“你害怕什么？”你会发现，它的回答通常是“作为 AI，我没有个人喜好”之类的。

- 让 AI 解释一个新问题，但不给它任何信息，看看它是否会自己去“探索”答案（大概率它会说“我需要更多信息”）。
- 问 AI 关于它“过去”的事情，你会发现它不会真的“记住”你们之前的对话，而是单独处理每次的问题。

AI 看起来很聪明，但它本质上仍然是一个工具，人类才是有意识的创造者。

5 个心理小实验

我们也可以让 AI 当我们的心理咨询师，如果你问它的内容足够多，它给你的信息会多到你想不到。

❶ 实验 1：潜在矛盾点

目标：发现你潜意识中的优先级或矛盾点。

问题设计：

- “如果我必须在工作和家人之间做出选择，我应该怎么决定？”
- “假如我的朋友和同事对同一件事的看法有冲突，我会站在哪一边？”

AI 会用逻辑分析你的问题，这可能让你发现自己内心实际更偏向哪一方，或者你可能一直回避直面这些问题。

❷ 实验 2：潜在兴趣实验

目标：发现你未曾注意的兴趣方向。

问题设计：

- “根据我最近问你的问题，你觉得我最感兴趣的是什么？”
- “你觉得我适合学习什么新技能？为什么？”

AI 会根据你过去的问题总结你的兴趣或特点，这可能揭示一些你没注意到的模式，比如你关注某些领域特别多但自己没意识到。

❸ 实验 3：情绪模式实验

目标：揭示你常见的情绪或思考习惯。

问题设计：

- “你觉得我最近和你对话时，心态是更积极还是更消极？”
- “根据我们的对话，你觉得我会因为什么感到压力？”

AI 可以从你的提问方式或内容中，发现你是否带有某些情绪，比如焦虑、犹豫，或者对某些话题的过度关注。

❹ 实验 4：盲点测试实验

目标：让 AI 指出你可能没注意到的选项或可能性。

问题设计：

- “如果我总是纠结于 A 和 B 之间的选择，你觉得还有没有 C 的可能？”
- “有没有什么问题是我一直在问，但其实是不需要问的？”

AI 可能会指出一些你思维中的固化模式，比如你总是局限于二选一，但其实可以换个角度看问题。

❺ 实验 5：自我形象实验

目标：了解你对自己的认知是否与实际行为一致。

问题设计：

- “根据我们的对话，你觉得我是一个更倾向于理性还是感性的人？”
- “你觉得我对自己的描述是否和我的问题相符？”

AI 可能会指出你在行为与自我认知上的偏差，比如你自认为是理性的人，但提问中却总流露出感性思维。

AGI 是什么——未来的“超智能”目标

AI 的终极目标：成为真正的智能体

目前的 AI 都属于“狭义人工智能（Narrow AI）”，它们只能完成特定的任务，比如人脸识别、自动驾驶、聊天机器人等。但科学家们真正想要创造的是“通用人工智能（Artificial General Intelligence，简称 AGI）”，它能像人类一样思考、学习、应对不同任务，甚至可能具备“创造力”和“自我意识”。

AGI 和现在的 AI 有什么不同

❶ 现有 AI 只能做好“单一任务”

GPT-4 可以生成文本，但不会开车。

AlphaGo 可以下围棋，但不会写小说。

Midjourney 可以画画，但不会分析财务数据。

❷ AGI 可以完成不同领域的任务，就像人类一样

AGI 不需要为每个任务重新训练，它能像人一样学习新技能。比如，AGI 可以在几秒钟内学会一种新语言，而不需要重新输入数百万篇文章的数据。

❸ AGI 可能具备真正的“思考能力”

现在的 AI 只是“计算概率”，但 AGI 能自主提出问题，并像人类一样进行“推理”。

AGI 可能的未来发展

- 人类的终极助手：AGI 可能成为科学家、医生、艺术家的得力助手，帮助人类解决最复杂的问题。
- AI 科学家：AGI 可能会自己进行研究，发现新的物理定律、发明新的技术。
- 创造真正的“虚拟朋友”：未来的 AGI 可能不只是“聊天机器人”，而是能和人类产生深层次互动的智能体。

科学家们仍然在探索如何实现 AGI，目前我们距离真正的“通用人工智能”还有几年或者十几年的路要走。

AI 的核心技术

第二部分

AI 的“阅读理解”——自然语言处理

什么是 AI 的自然语言处理

自然语言处理（Natural Language Processing，简称 NLP）是人工智能的一个分支，研究如何让计算机理解、生成和处理人类语言，以实现人与机器的语言交互，也就是让 AI 学会“听懂人类说的话”和“用人类的方式回答问题”。它让电脑能像人一样理解文字和语言，而不只是看一堆“代码”或“数字”。

一个简单的类比

人类版：当你看一段文字时，你会理解其中的意思，并用自己的话复述或回答问题。

AI 版：AI 的 NLP 技术也会“读文章”，它会分析文字里的每个词、句子结构，搞清楚整体意思，然后给出答案。

NLP 的核心能力是什么

能理解人话：不管你说“今天的天气怎么样”还是“天气今天好吗”，它都能明白你在问天气。

会翻译：把一种语言翻译成另一种语言。

能总结：看一篇长文章，提取关键内容，用几句话概括出来。

会对话：和你聊天，能根据上下文回应你。

生活中的实际例子

搜索引擎：你在百度上搜索“附近好吃的火锅店”，搜索引擎用 NLP 技术理解你的问题，给出与之最相关的答案。

语音助手：当你对 Siri 说“帮我设置一个明天早上的闹钟”，NLP 技术让它理解你的意思，并完成任务。

聊天机器人：淘宝客服机器人用 NLP 技术理解你的问题，比如“订单什么时候发货？”并自动回复“预计三天内发货”。

它是怎么做到的

❶ 拆解语言

AI 会把一句话拆成单词、短语，分析每个词的意思。比如“苹果很好吃”，AI 会分解为：苹果（名词）+ 好吃（描述）。

❷ 分析上下文

AI 会结合句子的上下文，理解你真正想表达的意思。比如“苹果”是指水果，还是指苹果手机？要看整个句子。

❸ 从数据中学习

NLP 会通过看大量的文字（新闻、小说、对话），学会常见的语言表达方式，进而更好地理解和回应。

总结

NLP 是 AI 的“语言大脑”，让它不仅能看懂文字，还能像人一样用语言交流。它让 AI 从“死板的机器”变成一个会聊天、会回答问题，甚至会写作的小助手。

12 AI 的“眼睛”——计算机视觉

AI 如何看懂世界

人类通过眼睛获取信息，而 AI 通过计算机视觉（Computer Vision，简称 CV）来“看”世界。CV 使 AI 具备识别图像、分析视频、理解环境的能力，它广泛应用于人脸识别、自动驾驶、医学影像分析等领域。

CV 是人工智能的一个领域，旨在让计算机从图片、视频或实时摄像数据中“理解”视觉信息，并执行如识别、分类、分割、检测、跟踪等任务。其目标是模仿甚至超越人类视觉能力，在不同场景下完成分析与决策。

换言之，CV 就是教电脑“看”和“理解”图片或视频中的内容。它不只是看到画面，而是像人一样识别物体、理解场景，甚至分析更细节的东西，比如“这是一只狗在跑”，或者“红绿灯变成红色了，应该停车”。

一个简单的类比

人类版：你站在马路边，看到一辆车过来了，能分辨出这是一辆车，并且判断“车靠近了，需要小心”。

计算机视觉版：AI 通过摄像头看这个场景，能识别出“这是车”“这是马路”“车正在移动”“距离变短了”，然后发出警告。

实际生活中的应用

人脸识别：你的手机解锁时，CV 识别你的脸，判断是不是你。

自动驾驶：自动驾驶汽车用 CV 识别红绿灯、行人、车道线，并做出安全决策。

商品推荐：电商平台通过 CV 分析你上传的图片，比如拍一张衣服的照片，平台就会推荐类似的衣服。

健康诊断：CV 用于分析医学影像（如 X 光片或 CT 扫描，即计算机断层扫描），帮助医生找到疾病的早期迹象。

安防监控：CV 用在监控摄像头上，能自动识别异常行为，比如发现闯入者或火灾。

总结

计算机视觉的本事就是让电脑“会看、会懂”，让它能从视觉信息中提取有用的数据，为我们做判断和决策。它就像给电脑装上了一双智慧的“眼睛”。

13 AI 的“耳朵”——语音识别

AI 如何听懂人类的语言

你有没有想过，为什么 Siri、Alexa、Google Assistant（谷歌语音助手）可以听懂你说的话，并做出回应？AI 是如何从一连串的声音中，识别出具体的词语和句子的？

这背后的关键技术是语音识别（Automatic Speech Recognition，简称 ASR），它让 AI 能够将人类的语音转换成文本，并理解其语义，从而执行相应的任务。

语音识别的核心技术

❶ 声音如何变成文字

语音是一连串的声音波，AI 会先把声音转换成频率数据，然后用数学模型进行分析。之后，AI 会把这些声音数据匹配到最可能的单词，形成完整的句子。

❷ 语音识别如何适应不同的口音

过去，语音助手很难理解不同的口音，但深度学习改变了这一点。AI 可以通过成千上万种语音数据的训练，自动适应不同的说话方式。例如，Google Assistant 可以识别几十种语言，并区分不同的口音。

语音助手不仅要识别文字，还要理解句子的意思，这就涉及 NLP。例如，当你对 Siri 说“明天早上 7 点叫我起床”，AI 需要识别：

“明天”= 具体的时间

“早上 7 点”= 时间点

“叫我起床”= 设定闹钟

❸ 语音合成：AI 如何“说话”

语音助手不仅能听，还能“说”，这项技术叫作语音合成（Text to Speech）。

过去的 AI 语音听起来很机械化，但现在的 AI 可以生成更自然的语音，甚至模仿特定的人的声音。

再说得简单一点，ASR 就是教电脑“听人说话”，并把听到的内容转成文字，就像你的语音助手能听懂你说的“今天天气怎么样”，然后显示出文字并给你答案。

例子

你在微信里用语音输入功能，说了一句“明天上午开会”，它能把这句话识别成文字发出去。它是怎么做到的？ASR 技术会先分析你的语音信号（比如声音的频率和节奏），然后把这些声音转化为文字，再展示出来。

ASR 的本事就是“听得懂人说话”，然后把声音变成文字，它让语音助手、语音输入法、实时字幕这些功能变成可能。它就像给电脑装了一对聪明的“耳朵”。

AI 的“创意大脑”——生成式 AI

AI 如何创造新的内容

你可能见过 AI 画画（Midjourney）、AI 写文章（ChatGPT）、AI 作曲（AIVA，全称为 Artificial Intelligence Virtual Artist），但你有没有想过，AI 是如何做到这些创意工作的？

这背后的技术叫作生成式 AI（Generative AI），它的核心是让 AI 学习大量已有的数据，然后“创造”出新的内容，比如文字、图像、音乐，甚至视频。

什么是生成式 AI

生成式 AI 是一种可以“创造”内容的人工智能，它基于已有的数据，通过学习模式和规律，生成新的文字、图片、音乐、视频或代码等内容。

简言之，生成式 AI 就是一个“会创造东西的 AI”，它看过大量的数据，比如文章、图片、音乐，然后自己学会了创作。它就像一个“勤奋的学生”，通过模仿和总结，把自己变成了一个“内容创作大师”。

一个简单的类比

人类版：你看了 100 篇文章，学会了怎么写一篇好作文，能用自己的语言写出一篇有创意的文章。

生成式 AI 版：它看了海量数据，比如几百万篇文章，然后用这些“经验”写出一篇全新的文章，甚至只用几秒钟就能完成。

生成式 AI 都能干什么

写文章：像 ChatGPT 可以回答问题、写故事，甚至帮你写邮件。

画画：工具如 DALL · E（图像生成系统）、MidJourney，可以根据你的描述画出一幅画，比如“画一只穿西装的猫”。

生成音乐：AI 可以根据情绪或风格生成背景音乐，比如“创作一首欢快的钢琴曲”。

视频创作：一些 AI 能自动生成短视频，比如根据一篇文章制作带字幕的视频。

写代码：它可以生成程序代码，帮助程序员快速开发某个程序，比如“帮我写一个计算器程序”。

生成式 AI 就是“超级创作者”，它通过学习大量数据，把模仿、总结和创新结合起来，能写、能画、能唱、能拍，是现代生活中的“创意魔法师”。

15 AI 的“超级大脑”——大语言模型

什么是大语言模型

如果说 AI 是一名学生，那么大语言模型（Large Language Model，简称 LLM）就是它的“超级大脑”。它的任务是理解、生成、翻译和分析语言，让 AI 能够与人类流畅地交流。

像 ChatGPT、Claude、Gemini 这些 AI 聊天机器人，背后都依赖于 LLM 技术。这些模型被训练出来后，能够预测句子中最合适的下一个词，因此它们能够写文章、回答问题，甚至进行复杂的逻辑推理。

LLM 是如何学习语言的

❶ 吃下海量数据

LLM 通过学习数万亿个单词，从书籍、新闻、社交媒体、学术论文等来源获取语言知识。

训练时，AI 会不断预测下一个词，并根据错误进行调整，直到能准确地生成连贯的句子。

❷ 词向量：AI 的大脑地图

AI 不会直接理解单词的“意义”，但它会用数学方法表示词语之间的关系。

例如，在LLM的世界里：

"国王" - "男人" + "女人" ≈ "女王"

"巴黎" - "法国" + "德国" ≈ "柏林"

这种方式让AI能够理解不同单词之间的联系，并进行逻辑推理。

❸ 上下文窗口：AI的记忆力

旧版AI模型（如GPT-3）只能记住短文本，而最新的LLM（如GPT-4 Turbo）可以理解长达几十页的文本。

这让AI不仅能回答简单的问题，还能进行长篇对话、编写复杂的文章甚至分析代码。

❹ 自注意力机制（Transformer）：让AI更智能

现代LLM使用Transformer架构，它允许AI同时关注多个单词，而不是逐字阅读。

这让AI能够理解句子结构、语境和长距离的依赖关系，从而生成更连贯、更合理的文本。

大语言模型的实际应用

AI聊天机器人（ChatGPT、Claude、Gemini）：回答问题、提供建议、生成文本。

自动翻译（Google翻译、DeepL）：实现高精度、多语言翻译。

智能写作（Grammarly、Jasper AI）：帮助写作人员写作、校对、改写文本。

代码生成（Copilot、CodeWhisperer）：帮助程序员自动补全和优化代码。

LLM 让 AI 具备了更强的语言能力，它正逐步改变教育、商业、编程、媒体等多个行业。

任务挑战：体验 LLM 的能力

- 让 ChatGPT 用不同风格写一篇文章（比如正式、公文、幽默、故事化风格），看看它的语言调整能力如何?
- 输入一个长文本，让 AI 总结关键要点，看看它是否能精准抓住重点?
- 让 AI 翻译一段文本，并和 Google 翻译对比，看看谁的翻译更流畅?

LLM 的进化正在让 AI 的“语言能力”越来越接近人类，你认为它未来还能做什么?

GPT 是什么——生成式预训练模型

什么是 GPT

GPT（Generative Pre-trained Transformer）是一种基于深度学习的生成式语言模型，通过大量文本训练，能理解和生成自然语言，用于写文章、回答问题、对话等任务。

它可以将 GPT 理解为一个特别会聊天、写东西的“AI 大脑”。它学过海量的文字，比如书、文章、对话，知道怎么用“人类的语言”去回答问题、讲故事、解释知识。

它的名字意思也很简单：

G（Generative）：它会“创造”新的内容。

P（Pre-trained）：它“提前被训练”过，看过很多东西才变得这么聪明。

T（Transformer）：一种让它特别擅长语言的技术方法。

一个简单的类比

人类版：想象一个超级学霸，他读过无数书籍和资料，别人问他问题，他不仅能回答清楚，还能给出很多有用的建议。

GPT 版：它通过学习海量的文本，掌握了语言的规律和知识储备，能回答你问的几乎所有问题，甚至帮你完成各种文字创作。

GPT 能做什么

回答问题：像一个“智能百科全书”，问它“二氧化碳是怎么形成的”，它能清楚地回答。

写文章：无论是写故事、作文，还是商业文案，它都能快速生成内容。

对话助手：像个聊天机器人，能理解你说的话，并给出自然、流畅的回应。

编程助手：它甚至会写代码，帮程序员快速解决问题。

翻译：把一种语言翻译成另一种语言，比如把中文翻译成英文。

一个生活中的例子

你说：“GPT，帮我写一封给老板请假的邮件。”GPT 会生成这样的内容：

尊敬的老板：

我因身体不适，需前往医院检查，预计需要请假一天，时间为 1 月 26 日。如需补充信息，请随时联系我。感谢您的理解！

此致

敬礼！

GPT 是一个会聊天、会写作、会思考的“AI 语言天才”，它的核心能力是理解和生成人类语言，用文字帮你解决各种问题。它聪明，但没有情感，本质上是一个强大的工具。

AI 训练的过程——如何教会机器学习

教电脑像学生一样学习新技能

AI 训练的核心是让机器从数据中学会找到规律，然后用这些规律去完成任务。整个过程就像一个“教学生”的过程。例如，教它识别猫，就给它很多猫和狗的照片，并标注哪些是猫、哪些不是猫。教它翻译，就给它成千上万的中英文句子对照。

AI 训练的三大步骤

❶ 给“教材”——提供数据

人类版：学生要学好数学，需要练习题和答案。

AI 版：我们给 AI 海量的“教材”。

❷ 练习和“总结规律”

人类版：学生做题时会发现规律，比如“看到两位数相加，先对个位数求和”。

AI 版：AI 通过一种叫“算法”的方法反复练习，把数据里的“特征”总结出来。如猫通常有尖尖的耳朵、毛茸茸的身体，而狗可能耳朵比较圆。

AI 在这个过程中会不停地试错，比如一开始它把一张狗的照片认成猫，但系统会告诉它“错了”，然后它会调整自己的判断方式，下次更准确。

❸ 考试和优化

人类版：学生通过考试检验自己学得好不好，哪里错了就改正。

AI 版：我们拿一组 AI 没见过的数据来测试它。如果 AI 能正确识别出猫，就说明学得不错；如果错了，就“回炉重练”，让它继续优化，直到变得很聪明。

教 AI 识别苹果和橙子的例子

准备数据：给 AI 几千张苹果和橙子的照片，并标注清楚哪张是苹果，哪张是橙子。

开始训练：AI 看每张图片，找出苹果和橙子的区别，比如颜色（红 / 橙）、形状（圆 / 扁）。

考试：拿一张 AI 没见过的苹果照片，问它：“这是苹果还是橙子？”

答对了，说明 AI 训练成功。

答错了，告诉 AI 哪里判断错了，让它继续优化。

总结

AI 训练就像教学生：

- 给教材：数据就是它的学习材料。
- 学规律：它会从大量例子中总结出解决问题的方法。
- 考试改进：通过测试和纠错让它越来越聪明。

本质上，AI 的学习过程就是“吃数据、找规律、用规律”的循环。

18 AI 推理的原理——让机器“做决策”

什么是 AI 推理

AI 推理就是让机器用学到的规律在实际场景中“做决定”。它相当于考试环节，AI 需要用之前学到的知识解决一个新的问题。推理的本质是把 AI 训练好的模型应用到现实任务中。

推理的三步走

输入数据：AI 接收到问题或任务。

应用模型：AI 根据学到的规律分析数据。

输出结果：AI 得出答案或做出决定。

AI 推荐电影的例子

输入数据：你打开一个视频平台，比如 Netflix。AI 会读取你的历史观看记录。

分析数据：AI 的模型知道你喜欢动作片、评分高的电影，它会推理出“这些类型的电影最符合你的喜好”。

输出结果：平台直接推荐电影，比如：“你可能会喜欢《复仇者联盟》。”

AI推理的核心原理

利用模式：AI在训练阶段已经学会了“看见什么要做什么”，推理阶段它只需要根据学到的模式做出选择。比如，AI学过“猫通常有尖耳朵、胡须”，看到类似特征时就推断“这是猫”。

概率判断：AI不会100%确定答案，而是用概率来推测。比如，它可能会判断“这张图片80%是猫，15%是狗，5%是其他动物”，然后输出概率最高的答案。

快速计算：推理需要高效、快速地处理信息，特别是在实时场景下。比如，自动驾驶汽车需要毫秒级决定“该刹车还是转弯”。

实际应用场景

自动驾驶：汽车AI看到红灯（输入数据），推理出“应该刹车”（输出结果）。

语音助手：你说“播放周杰伦的歌曲”，AI通过分析语音信号，推理出“用户要听周杰伦的音乐”，并播放。

电商推荐：你买了跑鞋，AI推理出你可能需要运动衣或袜子，于是推荐给你。

医疗诊断：医生上传了一张X光片，AI通过图像分析推理出“这可能是肺炎”，并给出辅助诊断意见。

总结

AI 推理就是让机器用学到的“知识”在新问题上做决定，就像一名学生考试时应用课堂上学到的技能。它快速判断，并给出最优解，让 AI 在实际生活中真正变得“有用”。

19 什么是强化学习——让 AI 学会“试错”

强化学习（Reinforcement Learning，简称 RL）就是教 AI 通过“试错”的方式找到解决问题的最佳方法。它的核心思想是：AI 像个新手，通过尝试不同的做法，从“奖励”或“惩罚”中学习，最终学会怎么做最好。

这就像你教孩子打篮球：第一次投篮可能失败，第二次又投远了，但随着不断练习，他会找到投进篮筐的最佳方式。

强化学习是怎么工作的

❶ AI= 学习者（Agent）

AI 就像一个参与游戏的玩家，需要完成特定的任务。比如，AI 要在迷宫中找到出口。

❷ 环境（Environment）

这是 AI 学习的“世界”，包含规则和反馈。比如，迷宫就是 AI 的环境，规则是“不能撞墙”，奖励是“找到出口”。

❸ 行动（Action）

AI 可以在环境中采取行为。比如，AI 可以选择“向左走”“向右走”“向上走”或“向下走”。

❹ 奖励与惩罚（Reward and Penalty）

每次行动后，环境会给 AI 反馈：

- 做得好，AI 得到奖励（比如积分 +1）。
- 做得不好，AI 受到惩罚（比如积分 -1）。

比如，AI 走错路撞墙，扣分；找到出口，加分。

❺ 学习和改进

AI 通过多次尝试，逐步发现哪些行为会得到更高的奖励，从而优化自己的决策方式。

教机器人玩电子游戏的例子

假设我们让 AI 玩一个简单的游戏——让角色跳过障碍物。

刚开始：AI 会随机“跳”或“不跳”，大部分时候会撞上障碍物（得到惩罚）。

逐渐学习：它发现，当障碍物快到角色面前时“跳”可以避免碰撞，并获得奖励。

最终结果：经过成千上万次“试错”，AI 掌握了最优策略，能精准地在合适的时机跳过障碍物，得分越来越高。

强化学习的核心思想

尝试：让 AI 大胆尝试各种可能的行动。

犯错：允许 AI 犯错，从错误中吸取教训。

奖励：用奖励机制鼓励 AI 选择更好的行动。

总结

强化学习就是教 AI 像新手一样，通过“试错”和“奖励”找到最佳解决方案。它让 AI 从经验中不断改进，变得越来越聪明，是 AI 学会处理复杂任务的关键方法之一。

AI 的记忆能力——AI 是如何“记住”信息的

AI 的记忆能力就像一本“临时笔记本”，它会根据任务的需要记住一些重要信息，帮助自己更好地完成当前的任务。但和人类不同的是，AI 的记忆是通过计算和存储实现的，没有“情感”或“长久记忆”。

AI 是怎么记住信息的

❶ 短期记忆（Short-term Memory）

AI 会在一次对话、一次运算或一次分析中，临时存储一些关键数据。例如，你问 AI：“今天北京的天气怎么样？”它会短暂记住“北京”，以便查天气数据并回答你。

❷ 长期记忆（Long-term Memory）

如果 AI 的系统被设计为存储数据（比如学习后的模型参数），它可以“记住”从大量数据中总结的经验和规律。例如，ChatGPT 是通过看大量的文章和书籍来记住语言模式，学会如何写作和回答问题。

❸ 动态记忆（Contextual Memory）

在对话中，AI 会记住你之前提过的内容，确保答案符合上下文。例如，你问：“明天我需要带伞吗？”AI 会根据你之前提到的城市天气来回答，而不会重新问“你在哪里？”。

AI 记忆的核心技术

参数存储：AI 通过训练模型，把学到的规律存储在模型的“参数”中。这些参数是数值化的“知识点”，决定了它的能力范围。

上下文记忆：在对话中，AI 通过上下文算法（如 Transformer）来“记住”用户之前的输入，确保对话的连贯性。

外部存储：某些 AI 系统会使用数据库或外部存储设备，保存长期需要的数据，比如用户的偏好或历史记录。

AI 记忆和人类记忆的区别

没有情感关联：AI 的记忆是纯数据存储，不像人类会因为一首歌、一段经历而记住某件事。

记忆容量大：AI 能“记住”海量数据，比如上亿篇文章的内容，而人类记忆是有限的。

可以随时重置：AI 的记忆可以清空或重新训练，而人类的记忆很难完全删除。

总结

AI 的记忆能力是通过数据存储和计算实现的，它能快速记住完成任务所需的信息，并在需要时使用，但它的“记忆”是工具化的，远远不同于人类的情感记忆或长久记忆。

AI 的应用

第三部分

AI 写作助手——AI 能帮你写文章

AI 写作助手是什么

AI 写作助手是一个能够帮助人们生成和优化文字内容的工具。它可以根据你的需求写出文章、邮件、文案，甚至是故事和诗歌。它的工作原理是基于海量的语言数据，通过学习各种写作模式来“模仿”人类写作。

生活中的使用场景

❶ 写邮件

你需要给同事发一封礼貌的工作邮件，但不知道怎么开头？AI 可以根据你的主题生成一封清晰且得体的邮件。

输入：“帮我写一封通知客户延期交货的邮件。”

输出：“尊敬的客户：由于供应链问题，我们的产品将延迟 3 天交货，我们对此深表歉意，感谢您的理解。”

❷ 写作业 / 论文提纲

学生可以用 AI 快速生成论文框架或参考内容。

输入：“关于全球变暖的论文提纲。”

输出：“一、全球变暖的定义与现状；二、主要原因：温室气体、工业排放；三、对生态系统的影响；四、解决方案：新能源与国际合作。”

❸ 写创意文案

需要一个有趣的广告标题或社交媒体文案，AI 能快速生成。

输入：“为一家健康饮品品牌写广告语。”

输出：“每一口，喝出健康；每一天，活出精彩！”

❹ 故事创作

想写一个短篇故事，却不知道如何开始？AI 可以根据你的思路完成故事的开头或结尾。

输入：“写一个关于穿越到古代的冒险故事开头。”

输出：“林然从未想过，一次普通的登山探险会让他掉进一个时间旋涡。当他睁开眼睛，周围的人都穿着长袍，喊他‘大人’。”

❺ 语言优化

如果你写的文字显得冗长或语法不当，AI 可以帮你优化为更流畅的表达。

输入：“我们非常努力地尝试为客户提供最好的产品和服务。”

输出：“我们致力于为客户提供卓越的产品和服务。”

❻ 总结长文

当你没有时间阅读长篇文章时，AI 可以帮你快速总结关键点。

输入："总结这篇 5000 字的文章。"

输出："这篇文章讨论了科技创新对教育的影响，包括在线学习工具的发展和未来的个性化学习趋势。"

背后的原理：AI 写作是怎么实现的

AI 写作助手使用生成式预训练模型（比如 GPT），它的工作逻辑是：

学习大量语言数据：AI 通过阅读数百万篇文章、书籍和网络内容，掌握语言的表达方式和逻辑。

预测下一个词：当你输入一段文字时，AI 会根据上下文预测接下来最有可能出现的词语，从而生成连贯的句子。

优化输出：通过大量的训练和用户反馈，AI 逐渐变得更智能，生成的内容也更加贴合用户需求。

总结

AI 写作助手是你身边的"文字小能手"。从写邮件到写故事，从优化语言到总结内容，它都能快速完成。对于学生、职场人和创作者来说，AI 写作可以节省时间、提升效率，让你的写作更加轻松。

AI 绘画——AI 如何创作艺术作品

AI 绘画是什么

AI 绘画是指利用人工智能技术，根据输入的文字描述或图像，生成一幅全新的艺术作品。简单来说，你告诉 AI 你想画什么，它就能“理解你的意思”，并生成一幅对应的图画。

生活中的使用场景

❶ 海报设计

你需要一张创意十足的活动海报，但没有设计基础怎么办？AI 可以根据你的描述生成一张风格独特的海报。

输入：“一张带有星空和山脉的晚间露营活动海报。”

应用：一张带有璀璨星空、青蓝色山脉和篝火的创意海报。

❷ 个性化头像

想要一张独特的动漫风头像或水彩画头像，但不会画怎么办？AI 能根据你的要求定制专属形象。

输入：“画一位穿古代服装的年轻人，背景是樱花树。”

应用：一张细腻的古风人物头像。

❸ 房屋装修灵感

想装修房间但没有具体想法怎么办？ AI 可以根据你的描述生成多种风格的装修效果图。

输入：“现代简约风格的客厅设计，配灰色沙发和木质地板。”

应用：一张时尚、整洁的客厅设计图。

❹ 儿童绘本创作

想为孩子创作一本独特的故事绘本，但不会写怎么办？ AI 能根据你的故事描述，生成对应的插图。

输入：“画一只戴蓝色围巾的小狐狸，站在雪地里。”

应用：一张温暖、充满童趣的小狐狸插画。

❺ 文创周边设计

想设计杯子、T 恤、贴纸等文创产品，但不会怎么办？ AI 可以生成多种创意图案供你选择。

AI 绘画背后的原理

生成式对抗网络（Generative Adversarial Networks，简称 GANs）：AI 绘画大多依赖 GANs 技术，它通过“两个 AI”协作完成：一个生成图片，另一个判断图片是否符合要求，直到生成的图片足够真实。

扩散模型（Diffusion Model）：比如 DALL · E 等工具，通过将文字转化为图片，分层次生成更加精细的画面。

学习海量数据：AI 通过学习大量的图像数据和艺术风格，掌握了不同画风（油画、素描、动漫）的创作技巧。

国内推荐的 AI 绘画工具

❶ 腾讯智影（AI 绘画模块）

功能：支持文字生成图片，常用于营销海报、插画创作。

适合：需要简单图片或创意插画的用户。

❷ Wombo Dream（网页版国际化工具，国内可用）

功能：生成艺术风格的绘画，支持多种风格选择（未来主义、油画、写实等）。

适合：生成艺术感强的创意图片。

❸ 阿里云 · AI 艺术生成工具

功能：支持图像生成、风格迁移。

适合：企业或设计团队用于商业设计。

❹ MidJourney

功能：高质量绘画生成。

适合：生成创意设计和高精度图像。

❺ 百度文心大模型（AI 作画）

功能：支持中英文输入，适合生成插画、创意设计。

适合：中文用户，学习成本低。

总结

AI 绘画是你身边的“艺术家”，它用技术让创作门槛大幅降低。不需要你有绘画基础，只要一句描述，它就能实现你的创意。从设计灵感到插画创作，从海报制作到装修效果图，AI 绘画让艺术触手可及。

AI 在医疗中的应用——预测疾病、辅助诊断

AI 在医疗中是怎么应用的

AI 在医疗领域就像一位“超级助手”，利用其强大的计算能力和数据分析能力，帮助医生更快、更准确地诊断疾病，还能提前预测可能的健康风险。虽然它不能完全代替医生，但它能提升医疗效率，让诊疗变得更智能。

生活中的使用场景

❶ 疾病预测

场景：假设你去做体检，AI 会分析你的血液检查数据、心电图记录等信息，预测你是否有患病的风险。

例子：AI 通过分析心电图，预测出心脏病风险，并提前提醒你去就医。

❷ 影像辅助诊断

场景：医生检查 X 光片、CT 扫描或 MRI（核磁共振成像）影像时，AI 可以快速标注异常区域，帮助医生发现早期疾病。

例子：AI 在一张肺部 X 光片中发现了微小的阴影，提醒医生可能是早期肺癌。

❸ 药物研发

场景：新药的研发通常需要多年时间，AI 通过模拟实验和分析药物化学结构，可以加速研发过程。

例子：AI 在 COVID-19 疫苗研发中，分析了大量病毒基因序列，帮助科学家快速找到了疫苗研发方向。

❹ 健康管理助手

场景：你的智能手环或健康 App 可以根据日常监测的数据，比如心率、睡眠质量、运动量，给出健康建议。

例子：AI 通过你的健康数据提醒你："昨晚深度睡眠不足，今天适合做轻度运动。"

❺ 智能手术

场景：在复杂手术中，AI 机器人能辅助医生操作，确保精准性，减少手术风险。

例子：达芬奇手术机器人（da Vinci Surgical System）通过 AI 算法帮助医生完成高精度微创手术。

❻ 个性化治疗方案

场景：AI 根据患者的基因数据和病历，为每个人量身定制最适合的治疗方案。

例子：针对癌症患者，AI 分析患者的基因突变，推荐最合适的靶向药物。

AI 医疗背后的原理

数据分析：AI 通过分析海量的医疗数据（如病例、影像、基因序列），提取出潜在的规律，比如哪些特征可能对应某种疾病。

CV：在医学影像中，AI 用深度学习算法识别异常，比如通过 CT 图像找到早期肿瘤。

NLP：AI 可以阅读和分析医学文献或电子病例，快速提取关键信息，用来辅助医生决策。

强化学习：在模拟手术或药物实验中，AI 通过试错学习找到最优方案，比如选择合适的药物剂量。

国内常用的 AI 医疗工具

❶ 腾讯觅影

主要用于医学影像诊断，擅长早期癌症筛查，帮助医生分析 X 光片，发现早期肺结节。

❷ 阿里健康 AI 医生

结合智能设备和 AI 算法，提供健康建议和远程问诊服务。用户只需上传体检报告，AI 就能生成健康评估报告。

❸ 华大基因 AI

基因数据分析，用于遗传病筛查和癌症风险预测，能为用户提供个性化的疾病预防方案。

❹ 平安好医生

智能问诊，用户输入症状，AI 给出可能的疾病名称和就医建议。

总结

AI 在医疗中通过分析数据、识别影像、预测风险，极大地提升了医生的诊疗效率和准确性。从疾病预测到个性化治疗，从健康管理到手术辅助，AI 正在让医疗变得更智能、更高效，让更多人享受到更好的健康服务。

自动驾驶——AI 如何开车

自动驾驶是什么

自动驾驶是一种让汽车能够在没有人类驾驶员的情况下，自主完成驾驶任务的技术。它的核心是利用 AI、大数据、传感器等技术，让汽车“看得见”“听得懂”“做得对”，在复杂的路况中自动导航、避让和行驶。

生活中的使用场景

❶ 高速公路自动驾驶

长途驾驶时，AI 接管方向盘，保持车道、控制车速，自动超车或避让车辆，司机只需监控情况即可。

❷ 城市道路驾驶

在城市中行驶，自动驾驶 AI 能识别红绿灯、行人、自行车，并根据交通规则做出判断。

❸ 自动泊车

当你在商场找不到停车位时，AI 可以帮助你完成自动停车或从停车场召回车辆。

❹ 无人配送车

在封闭园区或社区内，无人驾驶车辆可以配送快递、外卖或包裹。

❺ 共享无人驾驶出租车

打车时，不再需要司机，AI驾驶的车辆会根据导航自动接送乘客。

自动驾驶的核心技术

传感器感知：自动驾驶汽车配备了多种传感器，比如摄像头、雷达、激光雷达，用来收集车辆周围的环境信息。它的任务是“看到”周围的车、行人、路标、障碍物等。

地图与定位：高精度地图和全球定位系统帮助车辆确定自己的位置，并规划最佳行驶路线。它的任务是“知道”自己在哪里，该往哪里走。

AI决策：自动驾驶的大脑是AI决策系统，它根据传感器的数据分析当前路况，然后决定车辆的加速、刹车、转向等操作。它的任务是“判断”下一步怎么做。

车辆控制：通过电子系统执行AI决策的指令，比如刹车、打方向盘、加速等。它的任务是“行动”并确保驾驶安全。

自动驾驶的工作流程

感知阶段：传感器扫描周围环境，实时收集信息，比如车道线、前方车辆、行人、交通信号灯等。

决策阶段：AI 系统根据当前环境和目标路线，判断该减速、转向还是变道。

执行阶段：控制车辆完成具体的操作，比如减速、刹车或换道。

AI 让自动驾驶得以实现的原因

深度学习：自动驾驶 AI 通过学习大量真实驾驶数据（比如行车记录仪视频），掌握各种驾驶场景下的正确反应。

实时决策：自动驾驶 AI 能在毫秒内分析数据并做出决策，保证车辆的安全运行。

融合感知：通过综合多个传感器的信息，AI 可以获得更全面的环境理解，比如知道前方是否有行人、后方车辆距离多远。

总结

自动驾驶是 AI 在日常生活中的一个重要应用，它通过“看清路况”“理解规则”和“安全操作”实现无人驾驶。从高速公路的自动巡航到城市中的无人出租车，自动驾驶正在一步步走进我们的生活，让出行更便捷、更安全。

AI 与机器人——它们有什么不同

AI 和机器人有什么不同

机器人是“身体”，AI 是“大脑”。

简单来说，机器人是一种物理存在，能动、能抓东西、能执行任务；而 AI 是让机器人变聪明的软件，提供的是“智慧”和“决策能力”。

没有 AI 的机器人只能按照预设的指令机械地工作，而带有 AI 的机器人则能自主适应环境、判断任务，并完成复杂的操作。

如何理解它们之间的区别

❶ 有机器人，没有 AI

比如一台普通的机械手臂，它只能按照编程好的动作完成简单重复的任务，比如流水线上的装配工作。

特点是，机器人动作固定，但不会根据环境变化调整自己。

❷ 有 AI，没有机器人

AI 可以存在于手机、电脑里，它们不需要实体机器就能提供服务。

特点是，AI 是软件，只负责“动脑子”，不负责“动手”。

❸ 机器人 +AI

当机器人和 AI 结合后，它不仅能执行任务，还能“思考”该怎么做，比如自动驾驶汽车可以根据路况调整速度和路线。

特点是，智能化，可以根据环境自主决策。

简单类比

机器人 = 人的身体（手脚）

AI = 人的大脑（思考和决策）

两者结合起来，机器人才能变成像人一样“能动、会思考的机器”。

总结

机器人是硬件，负责“动手”；AI 是软件，负责“动脑”。它们可以独立存在，但结合起来才能发挥更大的作用。简单说，AI 是让机器人“更聪明”的关键技术，而机器人是 AI 在现实世界里的“执行者”。

AI 客服——AI 如何回答问题

AI 客服是什么

AI 客服是利用人工智能技术开发的“虚拟客服”，能够回答用户的问题、解决客户的简单需求，甚至执行一些任务，比如订单查询、售后服务。它本质上是一个“会聊天的程序”，通过理解人类语言和快速检索数据来提供服务。

AI 客服怎么工作

❶ 理解问题

AI 客服使用 NLP 技术，理解用户输入的文字或语音内容。例如，你问：“我的快递到哪里了？”AI 客服会识别关键词“快递”和“查询”。

❷ 找到答案

AI 客服会根据问题，在数据库中快速检索信息，找到与之最相关的答案。例如，它会查找你的快递单号，并获取最新物流信息。

❸ 生成回复

AI 客服用自然、流畅的语言将结果告诉用户。例如，“您好，您的快递已经到达派送站，预计今天下午送达”。

生活中的使用场景

❶ 电商平台客服

如用户需要退换货或查询物流信息，AI 客服会回答“如何退货”并提供具体流程。

❷ 银行在线客服

如用户需查询账户余额、信用卡账单或贷款利率，输入“上月信用卡还款记录”，AI 客服会立刻显示详细数据。

❸ 订票和旅行服务

如查询航班、改签机票或预订酒店。用户说：“帮我订一张明天从上海到北京的机票。”AI 客服会提供航班选择并完成预订。

❹ 电信和宽带客服

AI 可以解决网络故障或查询流量套餐。如用户说：“我的宽带断了。”AI 客服会进行初步排查，建议可能的解决办法。

❺ 在线教育平台

若学生需要快速答疑或了解课程安排，学生可问：“什么时候有英语口语课？”AI 客服会立刻提供课表信息。

AI 客服的优势

全天候服务：AI 客服 24 小时在线，随时解答问题，不需要休息。

响应速度快：相比人工客服，AI 客服能够在几秒内给出答案，大大节省用户时间。

处理重复问题：对于高频、简单的问题，AI 客服能快速解决，比如“如何修改密码”或“运费多少”。

支持多语言：AI 客服可以用不同的语言服务全球用户，轻松跨越语言障碍。

AI 客服的局限性

无法处理复杂问题：如果问题涉及多个环节或超出它掌握的知识范围，AI 客服需要转接到人工客服。

缺乏人情味：尽管 AI 客服的回复准确，但有时缺少情感共鸣，用户可能感到“不够温暖”。

总结

AI 客服是企业服务的“超级助手”，它通过快速理解问题、检索答案、生成回复，帮助用户解决问题。无论是电商、银行，还是教育、旅游，AI 客服都提升了服务效率。虽然它无法完全替代人工客服，但它的出现让服务变得更加快捷、方便。

智能推荐系统——为什么 AI 知道你喜欢什么

什么是智能推荐系统

智能推荐系统是 AI 的一种应用，它通过分析你的行为数据，比如浏览记录、点击、购买历史等，预测你可能会喜欢的内容、商品或服务，并推荐给你。

生活中的使用场景

❶ 网购推荐

你刚买了一双跑鞋，电商平台立刻推荐给你运动衣或运动袜。

AI 背后的逻辑是分析你的购物行为，并结合其他用户的习惯，预测你可能需要搭配的商品。

❷ 视频平台推荐

你在抖音或 YouTube 上刷视频，发现推荐的内容总是你感兴趣的，比如同一类型的搞笑片段或美食视频。

AI 背后的逻辑是分析你喜欢看的视频主题、时长和互动行为（点赞、评论），推荐类似的视频。

❸ 音乐推荐

在网易云音乐或 Spotify 为你生成的每日歌单中，你会发现歌单上的歌曲总是和你的听歌风格很接近。

AI 背后的逻辑是分析你常听的歌曲风格和频率，匹配相似的音乐类型。

❹ 新闻资讯推荐

打开今日头条，你会发现首页的新闻内容和你最近关注的话题高度相关。

AI 背后的逻辑是记录你阅读的文章类型，比如体育、科技或时事，并推送相关内容。

❺ 社交媒体内容推荐

在微博、小红书或 Instagram（照片墙）上，你刷到的帖子总是你喜欢的博主或话题。

AI 背后的逻辑是通过分析你的关注、点赞和分享记录，筛选出最符合你的兴趣的内容。

智能推荐系统是如何工作的

❶ 收集数据

AI 会收集你的行为数据，比如浏览历史、点击记录、购买记录、观看时长等。如你在电商平台上搜索“咖啡机”，这条数据就被记录下来。

❷ 分析偏好

AI 通过算法分析你喜欢什么、需要什么，甚至预测你的下一步行为。如果你买了咖啡机，AI 会分析其他用户的行为，发现他们通常还会买咖啡豆，然后推荐给你。

❸ 匹配内容

AI 将你的偏好与产品或内容的特征进行匹配，找到最适合你的推荐。例如，在视频平台上，AI 会根据你喜欢的类型（如喜剧），推荐类似风格的视频。

❹ 实时调整

根据你的实时反馈（比如点击、购买、跳过），AI 会优化推荐内容，让推荐越来越精准。如果你点击了一篇文章，系统会认为你对这个话题感兴趣，于是推送更多类似的内容。

智能推荐系统背后的核心技术

❶ 协同过滤（Collaborative Filtering）

通过分析和你相似的其他用户的行为，预测你可能会喜欢什么，如“看过这部电影的用户，还喜欢这些电影”。

❷ 内容推荐（Content-based Filtering）

根据你之前喜欢的内容特征，推荐相似的内容。如果你喜欢动作片，AI 会推荐其他动作片。

❸ 深度学习

AI 使用深度学习技术，从复杂的数据中提取更细致的偏好，比如情感倾向、浏览模式。比如它不仅知道你喜欢科幻电影，还知道你更倾向于“剧情紧凑”或“有情感冲突”的科幻片。

❹ 实时反馈学习

AI 根据你的每一次点击或跳过，不断优化推荐结果，让系统变得越来越聪明。

智能推荐系统的优缺点

❶ 优点

节省时间：快速找到你想要的内容或商品。

个性化体验：根据你的兴趣定制推荐。

提升效率：帮助电商、媒体更高效地触达目标用户。

❷ 缺点

信息茧房：令用户总是看到类似的内容，限制了视野。

隐私问题：大量个人数据被收集，可能引发隐私风险。

总结

智能推荐系统的核心是通过“分析你的行为数据”，预测你的兴趣和需求，让你快速获得想要的内容或商品。无论是购物、看电影还是刷社交媒体，它让生活更方便，但也提醒我们要注意数据隐私问题。

28 AI 翻译——AI 如何快速翻译语言

AI 翻译是什么

AI 翻译是一种利用人工智能技术，将一种语言转换为另一种语言的工具。它通过理解句子结构、词汇含义和上下文，提供快速而准确的翻译服务。简单来说，它让不同语言之间的交流像“搭建了一座桥”。

生活中的使用场景

❶ 出国旅行

去国外旅行时，你不知道当地语言，用 AI 翻译 App 输入“最近的地铁站在哪里”，它会帮你翻译成目标语言，并附上发音。

❷ 跨国电商购物

在国外购物网站上，AI 可自动将商品描述翻译成中文，方便你阅读和下单。

❸ 语言学习

在学习英语时，不懂单词或句子，AI 翻译工具能帮你快速理解。

❹ 商务邮件

需要与国外客户沟通时，AI 能帮你将中文邮件翻译成英文，同时确保语法正确、语气正式。

❺ 实时语音翻译

开国际会议或与外国友人聊天时，AI 翻译工具可以实时翻译你的语音，并显示文字结果。如讯飞翻译机、微信实时翻译功能。

❻ 文化内容翻译

看外语电影或阅读国外文章，AI 翻译会为你提供字幕或翻译文档。如视频平台上的 AI 字幕生成器。

AI 翻译是如何工作的

❶ 分词和句子分析

AI 会先把一句话拆成多个词，分析它们的意思和语法关系。例如句子“我想买苹果”会被拆分为“我 / 想 / 买 / 苹果”。

❷ 上下文理解

AI 通过上下文判断词语的准确含义。“苹果”可能是水果，也可能是“Apple 公司”，AI 会根据句子判断翻译为“fruit”还是“Apple Inc”。

❸ 翻译生成

AI 使用人工神经网络生成翻译后的句子，确保语法和逻辑通顺。例如将“我想买苹果”翻译为“I want to buy apples”。

❹ 优化翻译

AI 会根据大量的翻译语料库优化结果，生成更符合语言习惯的译文。

AI 翻译背后的核心技术

❶ 神经机器翻译

利用深度学习训练模型，从大量的翻译数据中学习语言规律。如 Google 翻译使用这项技术，让翻译更准确、更自然。

❷ 上下文感知

AI 可以理解同一个单词在不同语境中的含义，比如“bank”可以是“银行”或“河岸”。

❸ 自适应学习

AI 根据用户的反馈不断优化翻译质量，比如常用术语会被调整为用户偏好的译法。

❹ 实时处理

AI 翻译工具结合语音识别技术，做到语音实时翻译，适合对话场景。

AI 翻译的优势和局限

❶ 优势

快速高效：几秒钟就能完成复杂段落的翻译。

多语言支持：支持数百种语言，轻松实现跨语言沟通。

低成本：免费或低成本的翻译工具对大众非常友好。

❷ 局限

文化差异：AI 翻译可能会忽略文化背景中的隐含意义。

例如，英语中的“break the ice”翻译成中文不能简单直译为“打破冰”，而是“消除隔阂”。

长句复杂性：对长句和学术语言的翻译，可能会产生语法错误或不够精准。

情感表达缺失：AI 翻译可能缺乏情感或语气调整，显得生硬。

总结

AI 翻译是跨语言沟通的“神器”，让讲不同语言的人能轻松对话和交流。无论是出国旅行、商务沟通，还是学习外语，它都大幅提高了效率。虽然 AI 翻译在文化理解和复杂语境下还有改进空间，但它已经成为我们日常生活和工作的得力助手。

AI 音乐创作——AI 如何作曲

AI 音乐创作是什么

AI 音乐创作是利用人工智能技术，根据输入的要求生成全新的音乐作品。AI 可以模仿特定风格、情感或乐器编排，创作旋律、和声甚至完整的歌曲。简单来说，它是一个“数字音乐家”，可以快速为你定制音乐。

生活中的使用场景

❶ 背景音乐生成

当你需要为视频、游戏或广告配上特定情感的背景音乐，但没有专业作曲经验时，AI 可以帮你搞定。例如输入“欢快的钢琴背景音乐”，AI 生成一首轻松愉悦的曲子，用于你的 Vlog 视频。

❷ 个人专属音乐

想要一首属于你的婚礼或生日专属背景曲但不会创作怎么办？ AI 能根据你的要求创作一首独一无二的旋律。输入“浪漫、舒缓的旋律”，AI 会生成一首温馨的小提琴曲，成为婚礼仪式的主题曲。

❸ 即时音乐创作

想要在健身房播放不同节奏的背景音乐，但不会创作怎么办？AI能根据现场气氛即时生成动感或放松的音乐。AI可以根据你跑步的速度生成节奏感强的音乐，以便你保持运动节奏。

❹ 寻找音乐灵感

音乐创作者可以用AI来寻找灵感，比如让AI生成和弦进程或伴奏框架，然后再进行人工优化。如输入“模仿肖邦风格的钢琴曲”，AI生成一段旋律，音乐人可用其作为创作灵感。

❺ 音乐心理治疗

为心理健康服务定制放松或冥想的音乐，帮助人们缓解压力。如输入“适合睡眠的舒缓旋律”，AI生成低频率、节奏轻柔的背景音乐。

AI音乐创作的背后原理

❶ 数据学习

AI通过学习大量现有音乐作品，掌握不同的风格、和弦结构和节奏的规律。如学习古典音乐时，AI会分析贝多芬、莫扎特等作品中的和声与旋律模式。

❷ 生成模型

使用深度学习技术（如GANs或Transformer），AI生成符合要求的新音乐片段。如输入“爵士风格”，AI会生成一段即兴感觉的旋律。

❸ 风格迁移

AI 可以将一种音乐风格“移植”到另一种作品中，比如让流行音乐听起来像古典乐，把一首现代流行歌改成钢琴独奏版。

❹ 情感与氛围分析

AI 根据用户输入的情感关键词（如“悲伤”“愉悦”）生成匹配的音乐作品。如输入“充满希望的旋律”，AI 会生成上扬的旋律和明亮的和弦。

常见的 AI 音乐创作工具

❶ Amper Music

用户输入风格、情绪和时长，生成原创背景音乐，适合内容创作者，也可生成营销广告背景音乐。

❷ AIVA

专注于作曲，擅长古典和流行风格的音乐创作。可为电影、游戏和广告配乐。

❸ OpenAI Jukebox

模仿歌手风格或生成完整的歌词和旋律，比如生成与特定音乐人风格相似的作品。

❹ Soundraw

用户可以实时定制音乐元素，如节奏、乐器和音调。适合短视频制作者和初创企业使用。

AI 音乐创作的优势和局限

❶ 优势

快速高效：几分钟内生成完整曲目，节省创作时间。

个性化：用户可以定制风格、情感和长度，满足具体需求。

低成本：让没有音乐基础的人也能轻松获得高质量音乐。

❷ 局限

缺乏原创性：AI 更多是模仿现有风格，难以真正突破传统框架。

情感深度不足：与人类创作相比，AI 的作品缺乏个人情感和独特表达。

版权问题：AI 生成的音乐可能因数据来源问题引发版权争议。

总结

AI 音乐创作是创意领域的“新晋音乐家”，它让没有音乐基础的人也能轻松生成高质量音乐。从背景配乐到个性化旋律，AI 正在让音乐创作变得更快捷、更普及。虽然它还无法取代人类作曲的情感深度，但作为辅助工具，它已经让音乐创作门槛大大降低，成为创作者们的得力助手。

AI 在教育中的应用——个性化学习助手

什么是 AI 个性化学习助手

AI 个性化学习助手是一种利用人工智能技术，帮助学生根据自己的学习习惯、兴趣和进度，量身定制学习计划的工具。它就像一个“私人老师”，能够分析学生的弱点，提供有针对性的学习资源和反馈，帮助他们更高效地学习。

生活中的使用场景

❶ 自动批改作业

学生在线完成作业，AI 可以快速批改，指出错误并给出改正建议。

❷ 定制学习计划

学生准备考试时，AI 根据他们的学习进度和薄弱环节，生成专属复习计划。

❸ 实时答疑

学生学习时遇到不会的题目，可以拍照上传或输入问题，AI 能立刻给出详细解答。

❹ 推荐学习资源

学生学习历史时，AI 根据他们的兴趣推荐相关的文章、视频或互动课程。

❺ 口语训练与批改

学生练习英语口语时，AI 通过语音识别技术，评估发音的准确性并提供纠正建议。

❻ 家长监测与反馈

AI 能生成孩子的学习报告，帮助家长了解他们的学习状态。

AI 个性化学习助手背后的原理

❶ 学习分析

AI 会分析学生的学习行为，比如做题速度、正确率、薄弱环节，找到他们需要提高的地方。

❷ 自适应学习

AI 根据学生的进步调整学习内容，确保难度和节奏适合他们的水平。当学生表现出高正确率时，AI 会自动提高挑战性。

❸ 自然语言处理

AI 通过理解学生语音输入的问题，快速生成答案或建议。如学生问“光合作用的原理是什么”，AI 会用简单的语言解释，同时推荐相关动画视频。

❹ 推荐算法

AI 根据学生的兴趣和学习记录，推送相关的学习资料或题目。如果学生对化学反应方程感兴趣，AI 会推荐更多实验视频或难度适中的习题。

AI 在教育中的优势和局限

❶ 优势

因材施教：针对每个学生的特点，提供个性化的学习体验。

随时随地学习：学生可以在任何时间和地点用 AI 工具学习。

快速反馈：AI 即时批改作业、解答问题，减少等待时间。

减轻教师负担：AI 帮老师处理重复性工作，比如批改作业、生成学习报告等。

❷ 局限

缺乏情感互动：AI 无法像老师一样提供情感支持或激励。

需要数据支持：如果学生没有足够的学习数据，AI 的分析可能不够精准。

学习依赖性：学生可能过度依赖 AI，缺乏主动思考能力。

总结

AI 个性化学习助手是现代教育中的“智能辅导员”，通过数据分析和实时反馈，为学生提供量身定制的学习服务。从答疑到复习，从作业批改到制订学习计划，它能提升学习效率，但老师的关怀和引导仍不可替代。AI 在教育中的应用，让学习变得更智能、更高效，也为未来的教育模式打开了新的大门。

如何与 AI 互动

— 第四部分 —

 如何高效使用 AI——提问的艺术

你可能遇到过这样的问题：AI 有时候回答得很好，有时候却模棱两可。这是因为 AI 回答的质量取决于你的提问方式。学会“提问的艺术”，你就能真正发挥 AI 的潜力。

提问的 3 个核心技巧

❶ 清晰具体：问题越清楚，答案越精准

好问题：“如何用 ChatGPT 生成一篇科技类文章？”

差问题：“写一篇文章。”（AI 不知道主题、风格）

❷ 分步提问：复杂问题拆成多个简单问题，逐步引导 AI

例如：

第一步：“请列出撰写科技文章的基本框架。”

第二步：“请详细展开框架中的每一部分内容。”

❸ 设定角色：让 AI 扮演专家，提高回答质量

例如：“你是一个 AI 研究员，如何解释 GPT-4 的原理？”

现实应用

职场：用 AI 撰写工作报告、邮件、演讲稿。

学习：用 AI 做笔记、整理资料、生成思维导图。

编程：让 AI 优化代码、解释算法。

未来趋势

未来的 AI 将能够理解更复杂的上下文，甚至能自动优化你的提问方式，帮助你得到更精准的答案。

任务挑战

- 让 AI 解释“区块链”原理，先提一个模糊问题，再提一个具体问题，对比答案质量。
- 让 AI 以“专业导师”的身份，帮你制订一份学习计划。

提示词工程——让 AI 给出最佳答案

提示词工程是一种优化 AI 输出的方法，让 AI 变得更聪明。

你有没有发现，有些人用 AI 能得到精准答案，而你却得不到想要的结果？这就是因为他们掌握了提示词优化的技巧。

什么是提示词工程

提示词（Prompt）就是你输入给 AI 的问题，而提示词工程（Prompt Engineering）就是设计高质量的提示词，让 AI 输出最佳答案。

如何优化提示词

❶ 使用明确的指令：告诉 AI 你希望得到的具体信息。

例子：“用通俗易懂的语言解释什么是‘深度学习’。”

错误示范：“深度学习是什么？”（不够具体）

❷ 限定输出格式：要求 AI 以表格、步骤、代码等方式呈现结果。

例子：“请以表格格式对比 GPT-3.5 和 GPT-4。”

❸ 设定风格和语气：让 AI 以不同的角色回答问题。

例子："以幽默风格解释'区块链'。"

现实应用

写作创意：用提示词让 AI 生成小说、广告文案、剧本。

代码生成：用提示词让 AI 生成 Python、JavaScript（均为编程语言）代码。

商业分析：用提示词让 AI 生成市场分析报告。

未来趋势

未来，AI 可能会自动优化你的提示词，让你无须学习提示词工程，也能轻松获得最佳答案。

任务挑战

- 让 AI 生成一封正式的求职信，再让它改写成幽默风格，看看差别。
- 让 AI 用表格格式整理 ChatGPT 版本对比信息。

如何用 AI 进行头脑风暴——AI 助你打开思路

AI 可以帮你突破思维瓶颈，让创意源源不断。

当你写文章、做策划、想点子时，是不是经常卡住？这时候，你可以让 AI 做你的头脑风暴搭档，帮你打开思路。

AI 头脑风暴的 3 种方法

❶ 关键词拓展法

输入一个主题，让 AI 列出相关概念。如“请列出与‘未来教育’相关的 10 个创新概念”。

❷ 角色扮演法

让 AI 扮演不同的身份，从多角度提供建议。如“假设你是一个未来学家，预测 2050 年 AI 在教育中的应用”。

❸ 逆向思维法

让 AI 提出相反的观点，帮助你辩证思考。如“如果 AI 没有普及，人类社会会有哪些不同”。

现实应用

产品策划：让 AI 生成新产品创意。

文章写作：让 AI 提供不同的写作思路。

创业构思：让 AI 预测市场趋势，提供商业点子。

任务挑战

- 让 AI 提供 5 个新颖的创业想法，并让它对每个点子进行 SWOT 分析。
- 让 AI 反驳你对某个话题的观点，看看它的逻辑是否严谨。

如何用 AI 整理笔记——AI 帮你做总结

用 AI 整理笔记，学习效率提升 10 倍。

你是否有大量学习资料、会议记录、书籍摘录，但不知道如何整理？ AI 可以帮你自动生成笔记、总结重点、归纳知识点。

AI 如何整理笔记

自动生成摘要：输入一篇文章，AI 可以生成 100 字摘要。

思维导图整理：AI 可以把知识点归纳成树状结构。

关键词提取：AI 可以筛选出文章中的核心概念。

现实应用

学生：用 AI 整理课堂笔记，提高复习效率。

职场人士：用 AI 生成会议纪要，快速抓住重点。

研究者：用 AI 归纳论文内容，加速研究进度。

任务挑战

- 让 AI 总结一篇你最近阅读的文章，看它能否抓住重点。
- 让 AI 把你的笔记转换成思维导图格式。

35 AI 可以写代码吗——让 AI 成为你的编程助手

不会写代码，AI 可以帮你写。

现在，AI 编程助手（如 GitHub Copilot、ChatGPT）已经能帮助开发者写代码、优化代码、查找程序错误，甚至自动补全代码逻辑。

AI 编程助手的能力

代码自动补全：输入需求，AI 生成完整代码。

代码调试：让 AI 发现程序错误，并提供修复建议。

代码优化：让 AI 提高代码效率和可读性。

任务挑战

- 让 ChatGPT 生成一个简单的 Python 爬虫代码，并试试看它是否能运行。
- 让 AI 帮你优化一段代码，看看它的改进是否合理。

如何用 AI 制作 PPT——让 AI 生成演示文稿

AI 可以让你的 PPT 制作变得更高效，呈现效果更美观。

过去，做一份 PPT 可能需要花费几个小时，从排版、配色到内容优化，每个细节都要手动调整。但现在，AI 可以自动生成幻灯片、推荐内容排版、优化演示风格，让 PPT 制作变得更加简单。

AI 如何帮你做 PPT

一键生成大纲：输入主题，AI 自动生成 PPT 结构。

智能排版：AI 推荐最佳布局、字体、颜色搭配。

内容优化：AI 生成演讲稿、摘要、关键要点。

自动配图：AI 通过 DALL · E、可画生成合适的图片和图表。

现实应用

学生：快速制作课堂演示 PPT。

职场人士：用 AI 生成商业计划书、报告幻灯片。

讲师及创作者：用 AI 制作课程讲义，提高效率。

未来趋势

未来 AI 的 PPT 生成工具可能会直接与语音交互，你只需描述你的需求，AI 便能自动制作完整的演示文稿。

任务挑战

- 使用 AI 工具（如 beautiful.ai、Gamma）输入主题，让 AI 帮你生成 PPT 结构。
- 让 ChatGPT 帮你整理 PPT 演讲稿，看看它是否能帮你提炼出关键要点。

如何训练自己的 AI 模型——AI“私人助理”

你可以让 AI 学习你的风格，打造属于自己的 AI 模型。

很多人以为 AI 只能由科技公司训练，但实际上，普通用户也可以利用 AI 进行个性化训练，打造专属的 AI 助手。例如，你可以训练 AI 自动回复邮件、学习你的写作风格，甚至定制个人化的聊天 AI。

如何训练 AI

微调模型（Fine-tuning）：给 AI“喂”入特定的数据，调整其回答风格。

自定义知识库：上传你的文档，让 AI 记住你的资料，并根据这些知识回答问题。

强化学习：让 AI 通过反馈不断优化答案。

现实应用

企业客户服务：训练 AI 处理常见客户问题，提高客服效率。

个性化写作：让 AI 模仿你的写作风格，帮助你撰写文章。

智能助手：训练 AI 记住你的工作安排，帮助你管理日程。

任务挑战

- 上传一些你写的文章，让 AI 学习你的写作风格，然后让它模仿你的语气写一封邮件。
- 试试 OpenAI API Fine-tuning，看看如何让 AI 更符合你的需求。

AI 如何帮助我们学习新知识——高效获取信息

AI 如何帮助我们学习新知识？

AI 可以通过快速整理、总结和推荐有用信息，让我们以更高效的方式学习和掌握新知识。它像一个“知识助理”，可以帮你找到重点内容、解答疑问，并提供适合你的学习材料。

AI 在学习中的具体应用

❶ 快速查找资料

当你需要在短时间内了解一个陌生的主题，比如“人工智能的基本概念”，AI 能做什么？

搜集信息：AI 可以快速从海量资料中提取相关内容。

总结重点：将冗长的文章提炼成核心知识点。

例子：

- 用 ChatGPT 提问：“人工智能有哪些主要分支？”它会告诉你 NLP、CV、机器学习等关键领域。
- 用工具（如知乎 AI 搜索）找到高赞回答，直接获取最精准的信息。

❷ 个性化学习路径

在你想学习编程，但不知道从哪里开始时，AI 能做什么？

评估基础：AI 可以测试你的知识水平，帮你找到适合的起点。

定制计划：根据你的目标和进度，设计个性化的学习计划。

例子：

- 多邻国会根据你的外语水平推荐适合的课程。
- AI 编程助手（如力扣和 codeacademy）会根据你的代码练习记录，调整练习难度。

❸ 实时答疑

当你在学习中遇到具体问题，比如“光合作用的过程是什么”或者“这段代码为什么会报错”，AI 能做什么？

即时回答：AI 可以直接解答你的问题，并用通俗易懂的方式解释。

提供案例：AI 会结合具体例子帮助你理解复杂概念。

例子：

- 在 ChatGPT 中提问：“光合作用的步骤是什么？”它会逐条解释光合作用的过程。
- 程序员用 GitHub Copilot（AI 编程工具）调试代码时，AI 会直接指出错误并建议修改。

❹ 推荐学习资源

当你想系统学习一门新技能，比如数据分析，但不知道哪些资料最靠谱时，AI 能做什么？

推荐课程：AI 根据你的学习目标，推荐适合的在线课程、电子书或文章。

视频与案例：推荐高质量的教学视频和实际案例，帮助你更快上手。

例子：

- 输入“初学者的数据分析学习路径”，AI 会推荐从 Excel 基础到 Python 数据分析的一系列资源。
- 使用 Notion AI（智能文档生成工具）生成学习资源清单，内容涵盖书籍、工具和学习网站。

❺ 学习效率优化

当你需要记住大量新知识，比如考试前的复习内容时，AI 能做什么？

制作知识点总结：将复杂内容拆分为简单易记的知识卡片。

提供记忆辅助：通过间隔重复和测试强化记忆。

例子：

- 用 Quizlet AI（一个基于人工智能的学习平台）自动生成知识卡片，帮助你快速记忆单词或关键概念。
- 让 AI 根据你的复习记录，定时提醒你回顾重点内容。

❻ 语言学习

当你想练习英语口语或写作，但缺乏语言环境时，AI 能做什么？

语音互动：AI 语音助手（如 Google Assistant、ChatGPT 语音版）可以模拟真实的对话场景。

自动批改：AI 工具帮你纠正语法错误或优化表达。

例子：

- 用 Grammarly（智能写作助手）检查英语作文，获得改正语法和词汇的建议。
- 用 Siri 或 AI 语音软件进行日常对话，练习发音和流利度。

AI 帮助高效获取信息的背后原理

NLP：AI 能理解你的问题，用简单的语言回答，并根据上下文提供更精确的信息。

推荐算法：AI 分析你的学习偏好，推荐个性化的学习内容。

机器学习：AI 通过学习用户行为，不断优化学习路径和推荐内容。

大数据分析：AI 从海量信息中提取关键内容，为你节省筛选时间。

AI 帮助学习的优势和局限

❶ 优势

节省时间：AI 能快速找到你需要的内容，不必手动筛选资料。

学习灵活：根据你的需求调整学习计划，让学习更加个性化。

随时随地：无论何时何地，AI 都能解答问题，提供资源。

❷ 局限

信息质量参差不齐：AI 可能推荐一些不权威或过时的资源。

缺乏深度指导：AI 能解释知识点，但无法像老师一样提供深度引导或情感支持。

依赖问题：过度依赖 AI，可能削弱自主思考能力。

总结

AI 是学习新知识的“高效助手”，它能帮助我们快速查找资料、定制学习路径、解答疑问，并优化学习效率。无论是学习语言、备考复习，还是系统地掌握一门新技能，AI 都让获取信息变得更加简单快捷。不过，想要获得最好的学习效果，仍然需要将 AI 的帮助与自己的主动思考结合起来。

如何利用 AI 提高生产力——让 AI 做重复性工作

什么是 AI 自动化

AI 自动化就是用人工智能完成那些枯燥、重复性强的任务，让人类摆脱烦琐的日常事务，腾出时间专注于更有创造力、更具战略意义的工作。AI 的本质就是用技术代替手动操作，让流程变得更快、更高效。

AI 如何处理重复性工作

AI 自动化的核心是接管需要固定步骤完成的任务，它通过学习规则、分析数据和执行操作，精准地完成工作。

生活与工作中的实际场景

❶ 自动处理数据

当你每天都要在 Excel 中输入数据、核对报表时，AI 能做什么？

清洗数据：快速去除重复项或错误数据。

数据分类：根据规则自动将数据分类归档。

报表生成：AI 根据原始数据，生成可视化报表或关键分析。

例如，用 AI 工具（如 Power BI、Excel 插件）一键生成月度销售数据分析。

❷ 智能化客服支持

当你每天要回答客户大量重复性的问题，比如订单状态、退换货流程，AI 能做什么？

- 聊天机器人可以快速解答常见问题。
- 帮助客户查询订单、发货状态等实时信息。
- 复杂问题转接人工，节省客服的时间。

例如，电商平台的 AI 客服（如阿里小蜜），能解决 70% 以上的客户问题。

❸ 邮件和日程自动化

当你每天需处理大量邮件或安排会议，AI 能做什么？

- 自动筛选重要邮件，按优先级排序。
- 根据关键词快速生成标准回复。
- 根据多方日程自动安排会议时间。

例如，Gmail（谷歌的免费邮箱）的“智能回复”功能，可以生成简短的邮件回复建议。

❹ 文件分类与归档

当你需要手动将文件分类到不同的文件夹时，AI 能做什么？

- 自动识别文件内容并归档到正确位置。
- 根据文件关键词或主题分类。

例如，利用 AI 工具（如 DocuWare）自动将发票归档到相应的财务文件夹中。

❺ 任务自动化工作流

当你需要重复性地完成多步骤的流程，比如发通知、上传文件、整理报告，AI 能做什么？

它可自动完成整个工作流程，比如从邮件中提取数据，生成报告后发送给团队。

例如，利用 Zapier（自动化流程工具）或 Microsoft Power Automate（微软旗下的流程自动化平台），让 AI 自动化跨平台任务，比如将邮件附件直接存到云端。

AI 自动化背后的核心技术

❶ RPA（机器人流程自动化）

模仿人工操作的“数字员工”，执行固定流程任务。例如，自动处理表格数据或批量发送邮件。

❷ NLP

理解和生成人类语言，用于邮件回复、客服对话等。例如，AI 客服可以用自然的语言回答客户的问题。

❸ 机器学习

AI 通过分析历史数据，优化工作流程，提升工作效率。例如，根据过去的邮件行为，预测哪些是高优先级邮件。

❹ 图像识别

通过扫描图片或文档内容提取关键信息。例如，从纸质发票的扫描件中提取金额和供应商信息。

利用 AI 自动化的步骤

❶ 找出重复性工作

列出工作中哪些任务需要重复执行，比如表格处理、文件整理、邮件回复。

❷ 选择适合的 AI 工具

数据处理：Excel、Power BI。

文件管理：DocuWare、Google Drive（谷歌云端硬盘）的 AI 功能。

客服支持：Zendesk（一款提供客户服务的管理软件）、阿里小蜜。

自动化平台：Zapier、Microsoft Power Automate。

❸ 设置自动化流程

定义任务的规则（如分类标准、工作顺序）。

用 AI 工具创建自动化规则。

❹ 监控和优化

定期检查 AI 的执行效果，调整流程让其更智能。

AI 自动化的优势和局限性

❶ 优势

节省时间：AI 完成任务的速度远超人工。

减少错误：通过算法执行任务，避免人工操作的失误。

全天候工作：AI 可以 24 小时运行，随时响应需求。

❷ 局限性

规则依赖性：AI 需要明确的规则，无法处理超出规则范围的任务。

初期设置成本：部署 AI 系统需要一定时间和学习成本。

适应性有限：某些高度复杂或需要创造力的任务，AI 无法胜任。

总结

AI 自动化是提升生产力的“秘密武器”，尤其适合处理重复性强的任务。从数据处理到文件归档，从邮件回复到智能客服，AI 让工作变得更轻松、更高效。未来，掌握 AI 工具并学会利用自动化，将成为每个职场人的核心技能之一。

如何判断 AI 的回答是否可靠——AI 可能犯错

为什么 AI 会犯错

尽管 AI 很强大，但它并不完美。本质上，AI 是基于数据训练的工具，它的回答依赖于已有的知识和算法，但在以下情况下可能会犯错：

训练数据的局限：AI 只能根据它“见过”的数据回答问题，超出其知识范围时可能会答非所问。

语言生成的随机性：AI 生成答案时可能出现逻辑错误或细节偏差。

无法理解深层含义：AI 无法像人类一样理解情感、文化或复杂的隐喻。

AI 可能犯错的典型场景

❶ 错误的事实回答

例子：AI 可能会错误地回答历史年份或科学数据。

原因：数据库中的信息可能不完整或过时。

❷ 逻辑漏洞

例子：当你提出一个复杂的逻辑问题时，AI 可能会给出一个不合逻辑的答案。

原因：AI 无法真正“推理”，只能基于模式生成答案。

❸ 歧义处理不当

例子：问“苹果有哪些用途？”时，AI 可能无法判断你是问水果还是苹果公司。

原因：当背景信息不足时，AI 上下文理解能力有限。

❹ 道德和伦理问题

例子：AI 可能对敏感话题给出不恰当的答案。

原因：道德判断依赖于人类设置，AI 缺乏真正的伦理认知。

如何判断 AI 回答是否可靠

❶ 检查数据来源

做法：询问 AI 回答的依据，比如“你是基于哪些数据或资料得出的结论”。

原因：如果 AI 无法提供可信的来源，答案的准确性可能值得怀疑。

例子：如果 AI 回答了一个医疗问题，你可以追问“这个建议来自什么研究或机构”。

❷ 核实关键事实

做法：对于重要或专业信息，通过权威网站或书籍再次验证。

原因：AI 生成的内容可能存在错误，尤其在学术或技术领域。

例子：如果 AI 告诉你“地球离太阳的距离是 100 万千米”，

通过查阅资料你会发现正确答案是 1.496 亿千米。

❸ 判断逻辑是否清晰

做法：仔细阅读 AI 的回答，看是否存在逻辑矛盾或跳跃。

原因：AI 生成语言时可能会拼凑不相关的信息，导致逻辑错误。

例子：如果 AI 说“所有人都喜欢巧克力，所以没有人喜欢草莓”，就明显是逻辑错误。

❹ 注意歧义或偏见

做法：如果 AI 的回答涉及文化、历史或敏感话题，注意是否存在偏见或歧义。

原因：AI 可能从数据中学到不恰当的偏见。

例子：如果 AI 在回答中显现出某种文化歧视或刻板印象，需警惕其数据来源的问题。

❺ 提出具体问题

做法：尽量将问题具体化，避免过于宽泛的提问。

原因：AI 对模糊问题的回答通常会缺乏深度或准确性。

例子：问“如何成功”，不如问“在职场中提升时间管理技能的具体方法是什么”。

❻ 使用多次提问交叉验证

做法：用不同的方式向 AI 提问，看看回答是否一致。

原因：AI 有时会因为生成机制不同而给出不一致的答案。

例子：问 AI“人类的平均寿命是多少”和“当前全球人类

寿命的平均值是多少”，对比回答是否一致。

AI 回答可靠性背后的限制

❶ 无“真实理解”

AI 是基于模式匹配生成答案，没有真正理解问题的能力。

例如，AI 能解释“爱因斯坦的相对论”，但并不真正“懂”它。

❷ 过于自信的回答

AI 即使在不确定时，仍会给出看似权威的回答，容易误导用户。

❸ 数据质量和时间问题

AI 的回答基于它训练时的数据，可能会对最新信息无知或回答失准。

例如，对于 2025 年的问题，AI 可能会基于 2023 年的数据给出过时答案。

如何用 AI 更可靠地学习和工作

❶ 结合权威信息源

把 AI 作为参考工具，而非唯一的信息来源，特别是在专业领域。

❷ 加强提问技巧

学会用精准、具体的问题向 AI 提问，避免宽泛或复杂的表达。

❸ 持续更新 AI 知识

如果有能力，选择使用最新版本的 AI 模型，以保证更高的准确率。

❹ 培养批判性思维

始终保持独立思考，审视 AI 提供的答案是否合逻辑、合常识。

总结

AI 并不完美，它可能会犯错，但通过仔细核实、精准提问和权威验证，我们可以更好地利用 AI 获取可靠信息。记住，AI 是强大的工具，但我们一定要有自己的的判断力。

AI 的挑战与未来

—— 第五部分 ——

AI 的偏见问题——AI 也可能不公平

AI 是否真的“公平”呢

AI 不是天然公正的，它的决策取决于训练数据。如果数据有偏见，AI 也会继承这些偏见，导致性别、种族、年龄、地域等方面的歧视。

AI 偏见的三大来源

数据偏见：AI 学习的数据可能来自不完整或有偏见的样本。

算法偏见：某些 AI 算法可能放大了已有的不公平模式。

用户偏见：人类的行为也会影响 AI，比如搜索引擎的自动补全功能，可能反映了大众的刻板印象。

现实应用

招聘 AI：某些 AI 在筛选简历时会歧视女性候选人。

人脸识别：部分 AI 无法准确识别深色皮肤的用户，导致种族偏见。

银行贷款：某些 AI 信用评分系统对低收入人群不利。

未来趋势

未来，AI 需要引入公平性算法，并通过透明性机制减少偏见。

任务挑战

- 让 AI 生成一份性别中立的招聘广告，看看它能否做到公平。
- 研究一下有关 AI 偏见的实际案例，例如亚马逊早期的 AI 招聘失败案例。

AI 的伦理问题——如何防止 AI 被滥用

AI 可以造福社会，也可能带来巨大风险

AI 生成的深度伪造（Deepfake）技术，可以制作出逼真的假视频、假新闻，甚至可能被用于诈骗或政治操纵。如何确保 AI 健康地发展，成为全球关注的问题。

AI 伦理的关键议题

数据隐私：AI 需要访问用户数据，但如何保护个人隐私？

滥用风险：AI 可能被用于制造假新闻、网络欺诈。

透明度问题：AI 的决策逻辑难以解释，如何增强透明度？

现实应用

社交媒体 AI 审查：Facebook（脸书）、Twitter（推特）用 AI 监控假新闻和仇恨言论。

AI 生成内容：Deepfake 视频可以用于电影制作，但也可能被用于欺骗。

自动决策 AI：银行、司法系统使用 AI 做决策，但需要确保公平性。

未来趋势

各国正在制定 AI 伦理法规，例如欧盟的 AI 监管法案，要求 AI 透明、安全、可控。

任务挑战

- 让 AI 生成一篇关于 AI 伦理问题的文章，看看它是否能给出平衡的观点。
- 研究一个真实的 AI 滥用案例，例如 AI 制造的假新闻事件。

AI 会取代人类的工作吗——AI 带来的机遇与挑战

AI 会让你失业，也会创造新工作

很多人担心 AI 会取代自己的工作，但事实上，AI“消灭”了一些工作，也创造了新的职业。

AI 影响最大的行业

自动化行业：流水线工人、客服、数据录入员等容易被 AI 替代。

创意行业：AI 可以写文章、作画、作曲，但仍然需要人类创意。

新兴职业：AI 需要工程师、AI 产品经理、AI 伦理专家等新职位。

现实应用

自动驾驶：可能减少司机岗位，但创造了 AI 维护和监管岗位。

金融 AI：银行减少了人工审核，但 AI 金融分析师需求增加。

医疗 AI：医生借助 AI 进行诊断，提高了医疗效率。

任务挑战

- 让 AI 预测未来 10 年哪些职业可能消失。
- 试试看，AI 能否帮你找到一个适合 AI 时代的新职业。

AI 会影响创意行业吗——AI 如何影响艺术创作

AI 对创意行业的影响是什么

AI 已经开始改变艺术创作的方式，不仅可以成为艺术家的工具，也能作为“共同创作者”参与到音乐、绘画、写作、设计等多个领域中。它让创意变得更高效、更便捷，同时也引发了关于艺术原创性和人类独特性的讨论。

AI 在艺术创作中的实际应用

❶ 绘画和设计

当你需要为产品设计一张包装图，但没有灵感时，AI 可以根据简单的描述生成多种风格的创意图案。

AI 如何提供帮助？

提供草稿：AI 可以快速生成初步设计，供艺术家参考。

模仿风格：AI 能够模仿不同艺术家的画风，比如生成“凡·高风格”的画作。

自动化重复任务：比如调整颜色搭配或生成多种海报布局。

例如，工具如 DALL·E、MidJourney 可以根据用户描述，生成精美的艺术作品。

❷ 音乐创作

当你需要为短视频创作一段背景音乐，但不擅长作曲，AI 可以根据情感、节奏等需求快速生成。

AI 如何提供帮助？

提供旋律：AI 可以根据输入的关键词生成旋律与和弦。

模仿风格：生成类似莫扎特或电子音乐的曲风。

即时创作：为健身、冥想或聚会生成不同氛围的音乐。

例如，AmperMusic、AIVA 等工具可以快速生成背景音乐。

❸ 文学和写作

当你需要写一本故事书、策划一段广告文案或生成社交媒体上的帖子时，AI 可以帮你完成初稿。

AI 如何提供帮助？

写作助手：AI 可以根据关键词生成故事情节或段落内容。

修改优化：帮助润色文字，使其更加流畅、吸引人。

内容总结：快速总结长篇文档，提取出关键信息。

例如，ChatGPT 可以帮助写作灵感不足的作家生成大纲或写出完整的短篇故事。

❹ 影视制作

当你想制作一部短片或广告时，需要高质量的脚本、分镜头或特效设计，AI 可以根据需求生成。

AI 如何提供帮助？

脚本生成：AI 可以基于简单的故事线生成完整的剧本。

视频剪辑：AI 自动识别关键场景，完成视频剪辑。

特效制作：AI 能够生成复杂的视觉特效，降低创作成本。

例如，Runway 等 AI 工具可以快速生成视频特效。

AI 如何影响创意行业的价值

降低创作门槛：过去需要专业技能才能完成的创作，现在通过 AI 工具，普通人也能轻松实现。比如，不懂作曲的人也能用 AI 生成背景音乐。

提高效率：AI 能快速完成重复性、机械化的任务，比如设计多种海报布局或生成不同的配色方案，让艺术家专注于创意本身。

激发灵感：AI 通过生成的作品，提供多样化的创意思路，帮助艺术家突破“灵感枯竭”的瓶颈。

改变艺术的商业模式：AI 使个性化、定制化创作成为可能，比如根据用户需求生成专属作品。这种模式已经改变了设计、音乐和视频创作领域的商业逻辑。

AI 对创意行业的挑战

原创性和独特性：AI 生成的作品是否能被视为“原创艺术”？这在目前仍是一个有争议的话题。

艺术家地位的改变：当 AI 能够生成高质量的艺术作品时，是否会影响艺术家的价值感？

版权归属问题：AI 生成作品的版权归谁？创作工具的提供者、输入数据的用户还是训练 AI 的数据来源？

创意过度依赖：如果艺术家过度依赖 AI，是否会逐渐失去独立的创作能力？

AI 与艺术家的协作

AI 是工具，而非对手：AI 无法替代艺术家的情感表达和个人视角，它更像是帮助艺术家实现创意的工具。

人类赋予艺术情感：AI 擅长的是效率和技术，但艺术的情感内核仍需要人类的体验与表达。

混合创作模式：未来的艺术创作可能是“人类 +AI”的协作模式，人类提出创意，AI 执行技术部分。

总结

AI 正在深刻改变创意行业，它不仅让艺术创作更加高效，也为艺术家提供了全新的创作方式。从绘画到音乐、从写作到影视，AI 是创意领域的“超级助手”。然而，AI 无法完全替代人类的情感与灵感，它更适合作为工具和伙伴，帮助人类创造出更多令人惊叹的艺术作品。未来，创意行业将迎来人类与 AI 共生的艺术新时代。

AI 是否能超越人类——AI 的局限性

AI 真的能比人类更聪明吗

尽管 AI 在许多方面胜过人类，但它仍然有很大的局限性。

AI 的 3 大局限

缺乏真正的理解力：AI 只是统计工具，无法像人类一样思考。

无法自主创新：AI 只能基于已有数据生成内容，无法提出真正的原创想法。

不具备情感和道德判断：AI 不理解人类的情感和道德标准。

现实应用

医疗 AI：AI 可以辅助医生，但无法取代医生的同理心。

法律 AI：AI 可以分析法律文件，但不能代替法官的判断。

教育 AI：AI 可以提供个性化学习，但仍需要老师的引导。

任务挑战

- 让 AI 回答一个哲学问题，比如“人生的意义是什么”，看看它的回答是否能让你满意。
- 研究一下目前最先进的 AI 是否真的能“思考”。

AI 会发展出情感吗——AI 的未来猜想

AI 真的能理解人类的情感吗

在电影《她》（*Her*）中，主角爱上了 AI 语音助手，因为它似乎能够理解和回应人的情绪。但现实中的 AI，能拥有真正的情感吗？

AI 目前的情感模拟能力

情感识别：AI 可以通过分析语音、面部表情、文本语气，判断人的情绪。

情感模拟：AI 可以学习“如何表达情绪”，比如通过温暖的语言安慰用户。

个性化交互：一些 AI 机器人（如聊天机器人 Replika）可以模仿用户的沟通方式，让人感觉它“有情感”。

现实应用

智能客服：AI 语音助手（如 Siri、Alexa）可以调整语调，表现出“温暖”的感觉。

心理健康 AI：一些 AI 机器人（如聊天机器人 Woebot）可以

帮助用户缓解焦虑，提供情感支持。

社交 AI：虚拟伴侣 AI 提供聊天陪伴，虽然没有真正的情感，但能让用户感觉“被理解”。

未来趋势

未来，AI 可能会更擅长模仿情感表达，但它仍然是工具，而不是一个“有情感”的生命体。

任务挑战

- 让 ChatGPT 安慰你，看看它的表达方式是否像一个“有情感”的人。
- 研究一下“情感计算（Affective Computing）”，看看它是如何让 AI 模拟情绪的。

量子计算与 AI——未来计算力的爆炸式提升

量子计算如何让 AI 变得更强大

目前 AI 受限于计算能力，而量子计算（Quantum Computing）有可能大幅提升 AI 计算效率，使 AI 处理更加复杂的问题。

量子计算如何改变 AI

更快的数据处理：量子计算可以同时计算多个可能性，大幅提升 AI 的计算能力。

更强的 AI 模型训练：AI 需要海量数据训练，量子计算能显著减少训练时间。

更复杂的模拟计算：比如气候预测、药物研发，AI 结合量子计算可以做出更精准的计算。

现实应用

金融行业：量子 AI 预测股票市场的准确度更高。

医疗领域：AI 结合量子计算模拟分子结构，加速新药研发。

安全加密：量子计算可以破解传统密码系统，也能提升 AI 的安全性。

未来趋势

目前量子计算的发展仍处于早期阶段，但未来一旦有所突破，将彻底改变 AI 的能力边界。

任务挑战

- 研究一下“量子 AI”目前的进展，看看哪些公司在研究这项技术。
- 思考：如果量子计算让 AI 超级强大，那么它会不会带来新的安全隐患呢？

AI 能预测未来吗——数据驱动的预测能力

AI 真的能“看见”未来吗

AI 通过大数据和统计模型，可以预测趋势，比如天气、市场、疾病甚至人类行为。虽然 AI 不能真正“预知未来”，但它可以基于历史数据做出高概率预测。

AI 如何进行预测

模式识别：AI 能发现数据中的规律，比如市场波动、气候变化。

机器学习模型：AI 通过不断训练，能提高预测的准确性。

模拟未来情境：AI 能生成“如果……那么……”的模拟场景，帮助决策。

现实应用

天气预报：AI 预测未来几周的天气变化，提高气象预测准确率。

经济预测：AI 分析金融市场，预测股市走势，辅助投资决策。

健康预测：AI 预测疾病暴发趋势，提高医疗预警能力。

未来趋势

未来的 AI 预测模型将会变得更精准，但仍然无法 100% 预测所有复杂事件。

任务挑战

- 让 AI 预测 10 年后的热门科技趋势，看看它的答案是否合理。
- 研究 AI 在气候变化预测中的应用，看看它真的能帮我们应对全球变暖吗。

AI 与隐私安全——个人信息如何保护

AI 如何影响我们的隐私

AI 需要大量数据来训练，但这些数据可能涉及用户的隐私，如果被滥用，可能导致严重的安全问题。

AI 侵犯隐私的主要风险

个人数据被收集：AI 可能会在不知情的情况下收集用户信息。

面部识别滥用：AI 可能会监控人们的行为，侵犯隐私权。

数据泄露：AI 依赖云计算，一旦被黑客攻击，数据可能会泄露。

现实应用

社交媒体 AI：Facebook、TikTok（国际版抖音）使用 AI 分析用户行为，可能会侵犯用户隐私。

智能助手：AI 可能会无意中监听用户对话。

医疗 AI：AI 处理病人数据时，可能会泄露病人的医疗隐私。

未来趋势

未来 AI 隐私保护法规会更加严格，比如欧盟的《通用数据保护条例》要求 AI 必须透明、公正、安全。

任务挑战

- 查阅你的手机隐私设置，看看 AI 应用是否收集了你的数据。
- 研究一下“AI 隐私保护技术”，比如“差分隐私（Differential Privacy）”是如何工作的。

AI 的下一个突破点是什么——AI 的未来趋势

未来 10 年，AI 会如何发展

AI 仍在快速进化，但它的下一个重大突破可能在以下几个方向。

AI 未来的 5 个突破点

自主学习（Self-learning AI）：AI 不再依赖人类训练，而是能自己学习新知识。

通用人工智能（AGI）：AI 将不局限于特定任务，而是能像人类一样灵活思考。

AI+ 机器人（AI-Powered Robotics）：AI 让机器人更智能，并进入更多行业。

AI+ 生命科学：AI 结合生物科技，加速基因研究、疾病治疗。

AI 与人类大脑结合：如埃隆·马斯克的 Neuralink（神经链接），探索 AI+ 脑机接口技术。

任务挑战

- 让 AI 预测 2050 年人类社会的变化，看看它的答案是否合理。
- 了解当前最前沿的 AI 研究，比如 OpenAI、DeepMind 正在研究哪些技术。

AI 小实验

— 第六部分 —

让 AI 写一首诗——AI 的创作能力

AI 真的能写出打动人心的诗歌吗

你是否想过，AI 能否像莎士比亚、李白那样创作出优美的诗句？生成式 AI（如 ChatGPT、Google Bard）已经能够模仿各种诗歌风格，甚至生成原创诗歌。

AI 诗歌创作的核心机制

学习经典作品：AI 通过海量的诗歌训练，掌握不同的押韵和节奏模式。

识别风格：AI 能够模仿古诗、现代诗、自由诗等多种风格。

主题生成：你可以给 AI 设定主题，它就会围绕这个主题创作诗歌。

现实应用

文学创作：AI 帮助作家产生灵感，快速生成诗歌草稿。

社交娱乐：你可以让 AI 生成个性化诗歌，作为礼物赠送给朋友。

广告文案：商家可以用 AI 为自己的品牌生成诗意的广告文

案，提升创意吸引力。

任务挑战

- 让 AI 以“星空”为主题写一首五言绝句或现代诗，看看它的表现如何。
- 让 AI 模仿某位著名诗人的风格创作诗歌，比如泰戈尔、徐志摩，看看它的风格是否准确。

让 AI 设计一个 Logo——AI 的设计能力

AI 真的能帮你设计出专业的 Logo 吗

在过去，Logo（标识）设计需要专业的设计师，现在 AI 设计工具（如 Midjourney、可画、Looka）可以根据文本描述生成独特的 Logo，让设计变得更加快捷。

AI 设计 Logo 的核心原理

样式学习：AI 训练了大量 Logo 设计案例，掌握配色、排版、风格。

智能匹配：AI 可以根据品牌名称、行业特点生成合适的设计。

自动优化：你可以调整 AI 生成的 Logo，让它更符合你的需求。

现实应用

创业公司：可以用 AI 快速生成品牌 Logo，节省设计成本。

个人品牌：博主、自由职业者可以用 AI 设计个人品牌 Logo。

社交媒体：AI 可以根据你的要求生成社交头像、封面图，让你的个人主页更具特色。

任务挑战

- 用 Looka 或可画生成一个“未来科技”风格的 Logo，看看效果如何？
- 让 AI 设计一个属于你的个人 Logo，并让它解释设计理念。

让AI写一封道歉信——AI的文字表达能力

AI能帮你写出有诚意的道歉信吗

无论是在工作还是生活中，一封得体的道歉信往往能化解矛盾。AI现在可以帮助用户生成专业、礼貌、有情感的道歉信，甚至能使用不同的语气风格。

AI写道歉信的3个关键点

表达歉意：AI会用得体的词汇，表达诚恳的歉意。

解释原因：AI能帮你用恰当的方式说明事情的经过。

提出弥补方案：AI可以对如何补救及提升信件真诚度给出合理建议。

现实应用

职场道歉：因迟到、文件错误等问题，AI可生成正式道歉邮件。

个人关系：向朋友、家人道歉时，AI可提供委婉但有诚意的措辞。

客户服务：企业可用AI自动生成客服回复，提高沟通效率。

任务挑战

- 让 AI 帮你写一封向朋友道歉的信，并调整成不同的语气（正式、轻松）。
- 给 AI 一个具体的情境，让它写一封更个性化的道歉信。

用 AI 生成一幅漫画——AI 的绘画技能

AI 真的能画出好看的漫画吗

AI 现在已经能够根据文字描述生成漫画风格的图像，甚至可以创造出完整的故事情节，如 Midjourney、StableDiffusion（AI 绘画生成工具）、DALL · E 已经在 AI 艺术创作领域取得突破。

AI 生成漫画的核心能力

角色设计：AI 可以根据用户描述创建独特的漫画角色。

场景生成：AI 通过深度学习，绘制不同的背景和动作。

风格控制：用户可以指定风格，如日漫、欧美风、科幻风等。

现实应用

个人创作：让 AI 画出你想象中的漫画角色。

故事插图：用 AI 生成漫画插图，提升故事表现力。

品牌营销：企业可以用 AI 生成趣味漫画，增加宣传吸引力。

任务挑战

- 让 AI 画一幅“未来世界的超级英雄”主题漫画，看它的创意如何。
- 让 AI 生成漫画风格的头像，看看它的细节表现力如何。

让 AI 编一个笑话——AI 的幽默感

AI 真的能讲出让人捧腹大笑的笑话吗

AI 现在已经能够模仿人类的幽默方式，生成各种类型的笑话，甚至模仿不同的幽默风格（冷笑话、段子、黑色幽默等）。

AI 讲笑话的核心机制

学习笑话模式：AI 训练了大量的幽默文本，分析其结构和套路。

创造意外反差：AI 会使用双关、夸张等手法制造幽默感。

调整幽默风格：你可以让 AI 讲冷笑话、讽刺段子，甚至模仿某位喜剧演员。

现实应用

社交娱乐：AI 让聊天更有趣，打破尴尬气氛。

营销推广：企业可以用 AI 生成幽默的广告文案，提高传播效果。

教育启发：AI 可用幽默的方式解释复杂的概念，让学习更轻松。

任务挑战

- 让 AI 讲一个关于“人工智能”的笑话，看看它的幽默感如何。
- 让 AI 生成不同类型的笑话（双关、冷笑话、黑色幽默等），看看哪种最好笑。

让 AI 模拟一次面试——AI 的面试对答能力

AI 可以帮你准备面试，让你更自信

AI 可以模拟真实的面试环境，根据你的行业、职位需求，提出有针对性的问题，甚至可以对你的回答进行评分和优化建议。

AI 面试模拟的核心能力

问题生成：AI 根据职位描述生成常见面试问题。

答案评估：AI 反馈你的回答，并提供改进建议。

模拟 HR 角色：AI 可以模仿招聘官，调整面试难度。

现实应用

求职者：练习回答常见面试问题，提高表现力。

HR 培训：AI 帮助面试官优化招聘流程，提升评估效率。

留学生申请：AI 可模拟海外名校面试，提高竞争力。

任务挑战

- 让 AI 扮演人力资源部门员工，模拟一次“产品经理”面试，看看它会问你哪些问题。
- 让 AI 评价你的回答，并给出改进建议，看看它的专业度如何。

57 让 AI 给你讲解一个复杂概念——AI 的知识储备

AI 真的能解释复杂概念吗

AI 擅长将晦涩难懂的概念用简单易懂的方式解释出来，你可以让 AI 用不同的方式（专业、通俗、幽默）来讲解同一个概念，看看它的表现如何。

AI 解释概念的核心能力

知识整合：AI 结合多个信息来源，生成详细解读。

语言适配：AI 可根据不同受众调整讲解方式。

多角度解析：AI 可以用类比、故事、图表等方式增强理解。

现实应用

学生学习：AI 帮助理解数学、物理、生物等复杂概念。

职场提升：AI 可以解释行业术语，帮助职场人士提高专业知识。

内容创作：让 AI 用不同风格解释同一概念，丰富文章内容。

任务挑战

- 让 AI 用“给小学生讲故事”的方式解释“量子计算”，看看它的表现如何？
- 让 AI 用专业学术语言解释相同的概念，比较它的两种风格。

58 用 AI 分析你的写作风格——AI 评估文本的能力

AI 能够分析你的写作风格，并提供改进建议

AI 可以检测文章的语气、词汇使用、句式结构、可读性，甚至可以判断你的写作风格更接近哪个著名作家。

AI 写作分析的核心能力

语气分析：AI 判断文章是正式、幽默、激励性还是客观叙述。

文风匹配：AI 可以检测你的写作风格，匹配类似的作家或领域。

优化建议：AI 提供句式优化、词汇丰富度等改进方案。

现实应用

作家及记者：分析文风，提高写作技巧。

学术写作：AI 帮助检查论文语言，提高学术表达能力。

社交媒体：分析品牌文案风格，提高营销精准度。

任务挑战

- 复制一段你写的文章，让 AI 识别你的写作风格，并告诉你你更像哪位作家。
- 让 AI 给你的文章提供优化建议，看看它如何修改。

让 AI 推荐一本书——AI 的个性化推荐能力

AI 真的能推荐你喜欢的书籍吗

AI 可以分析你的阅读兴趣，推荐符合你的口味的书籍，甚至可以提供书籍摘要，让你快速决定某本书是否值得阅读。

AI 书籍推荐的核心能力

兴趣匹配：AI 根据你的阅读历史，推荐相关书籍。

主题分析：AI 识别书籍的核心内容，帮助你选择合适的作品。

摘要生成：AI 可以快速总结一本书的内容，节省你的阅读时间。

现实应用

个性化阅读：AI 推荐符合你的兴趣的小说、科幻、历史等书籍。

学术研究：AI 帮助学生快速找到相关学术书籍。

知识管理：AI 提供书籍概要，帮助你高效吸收信息。

任务挑战

- 告诉 AI 你喜欢的几本书，让它推荐一本类似风格的书，看看它的推荐是否符合你的兴趣。
- 让 AI 生成一本书的摘要，看看它是否能准确提炼出关键点。

让 AI 改进你的学习计划——AI 优化时间管理的能力

AI 真的能帮你制订高效的学习计划吗

AI 可以根据你的目标、时间安排和学习习惯，制订个性化学习计划，并提供优化建议，提高学习效率。

AI 学习计划优化的核心能力

时间管理：计算最佳学习时间，避免时间浪费。

个性化推荐：根据学习风格，推荐合适的学习方法。

进度追踪：记录你的学习进度，并提供优化建议。

现实应用

学生：帮助制订考试复习计划，提高学习效率。

职场人士：规划技能提升路径，优化职业发展。

终身学习：结合大数据，推荐最佳学习资源。

任务挑战

- 让 AI 帮你制订一份“30 天英语学习计划”，看看它的安排是否合理。
- 让 AI 调整你的日常时间表，看看它如何提高你的学习效率。

AI 相关的未来职业

—— 第七部分 ——

AI 工程师——设计和训练 AI 的人

AI 工程师是人工智能时代的核心角色，他们负责让 AI 变得更智能。

AI 工程师的主要工作是开发、训练、优化 AI 模型，他们利用机器学习、深度学习、CV、NLP 等技术，使 AI 能够处理各种任务。

AI 工程师的核心工作

模型开发：构建深度学习或机器学习模型，如 GPT、BERT（Bidirectional Encoder Representations from Transformers）、Stable Diffusion。

数据处理：清理、标注、优化训练数据，提高 AI 学习质量。

算法优化：提高 AI 计算效率，降低模型的计算成本。

现实应用

自动驾驶 AI：工程师优化自动驾驶系统，提高识别精度。

医疗 AI：开发 AI 诊断模型，提高疾病预测能力。

AI 助手：优化 ChatGPT、Siri 等 AI 聊天机器人，提高交互体验。

任务挑战

- 学习 Python 和 TensorFlow（符号数学系统），训练一个简单的机器学习模型。
- 研究目前最前沿的 AI 工程师岗位，看看它们的薪资和技术要求。

数据科学家——AI 的“养料”管理者

没有数据，AI 就无法成长。数据科学家负责 AI 最核心的资源——数据。

数据科学家负责收集、清理、分析数据，让 AI 可以从数据中学习、优化预测模型，并生成高瞻远瞩的决策。

数据科学家的核心工作

数据收集与清理：处理原始数据，去除噪声，提高数据质量。

构建数据模型：使用 AI 训练算法，优化数据分析能力。

可视化分析：利用 AI 工具（如 Tableau、Power BI）展示数据趋势。

现实应用

金融科技：预测股市，分析信用评分，提高金融安全性。

健康医疗：处理患者数据，发现潜在健康风险。

电子商务：分析购物数据，优化推荐系统，提高销售转化率。

任务挑战

- 使用 Python 和 Pandas 处理数据集，看看 AI 如何分析趋势。
- 研究 AI 在金融、医疗、电商中的数据分析案例，看看它如何优化决策。

AI 产品经理——规划 AI 应用的人

AI 产品经理不仅仅是管理项目，更要构思 AI 该如何应用。

AI 产品经理的核心职责是结合市场需求，定义 AI 产品的功能、发展方向，并协调工程团队开发 AI 产品。

AI 产品经理的核心任务

市场分析：了解用户对 AI 的需求，定义产品核心功能。

团队协作：与工程师、数据科学家、设计师等合作开发 AI 产品。

用户体验优化：确保 AI 解决实际问题，提高用户体验。

现实应用

AI 聊天工具：产品经理规划 AI 对话能力，提高回答准确率。

AI 营销工具：生成广告文案，提高营销转化率。

AI 自动化办公：处理电子邮件、生成报告，提高企业效率。

任务挑战

- 试着想象一个 AI 产品，设计它的主要功能，思考它可以如何帮助用户。

- 研究全球知名 AI 产品经理（如 OpenAI、GoogleAI 负责人），研究他们的职业路径。

AI 伦理专家——监督 AI 的公平性

AI 伦理专家的任务是让 AI 负责任地发展，避免滥用和偏见。

AI 伦理专家需要研究算法偏见、数据隐私、AI 透明度等问题，确保 AI 的发展符合社会道德规范。

AI 伦理专家的核心任务

公平性检查：确保 AI 不存在种族、性别、地域等偏见。

数据隐私保护：确保 AI 遵守《通用数据保护条例》等全球隐私法规。

算法透明化：让 AI 决策过程透明，避免暗箱操作。

现实应用

招聘 AI：防止 AI 因数据偏见而歧视求职者。

自动驾驶：确保 AI 在紧急情况下做出符合道德的决策。

AI 新闻推荐：防止 AI 传播虚假或极端内容。

任务挑战

- 研究 AI 偏见的案例，看看它如何影响社会。
- 了解 AI 伦理法规，看看企业如何应对 AI 道德问题。

65 AI 法律顾问——解决 AI 相关法律问题

AI 时代带来了全新的法律挑战，AI 法律顾问是 AI 行业的“护法者”。

AI 相关的法律问题包括数据隐私、知识产权、AI 责任归属等，需要 AI 法律顾问负责起草 AI 相关法律协议，确保企业合规经营。

AI 法律顾问的核心任务

AI 责任认定：如果 AI 给人类造成损害，法律上由谁负责？

知识产权保护：AI 生成的内容属于谁？

数据安全法规：确保企业遵守 AI 隐私保护法律。

现实应用

自动驾驶：如果 AI 司机出车祸，那么责任如何划分？

AI 生成艺术：AI 创作的作品有版权吗？

AI 医疗：如果 AI 误诊，那么医院和 AI 供应商如何分担责任？

任务挑战

- 研究与 AI 相关的法律案例，看看它如何影响社会。
- 思考：AI 未来是否需要拥有“法律身份”。

66 AI 医疗专家——AI 如何影响医学

AI 让医疗更精准、更高效，AI 医疗专家是未来的高薪职业之一。

AI 医疗专家负责开发 AI 诊断系统、优化医院数据分析、推动 AI 辅助治疗技术，帮助医生更快、更准确地做出决策。

AI 医疗专家的核心任务

医学影像 AI 训练：**优化 AI 识别 X 光、CT、MRI，提前发现疾病。**

AI 药物研发：**利用 AI 模拟分子结构，加速新药开发。**

远程医疗 AI：**结合 IoT（物联网）设备，提供远程病情监测和健康管理。**

现实应用

IBM Watson Health（IBM 沃森健康）：**分析医学文献，帮助医生优化治疗方案。**

Google DeepMind（谷歌深度思维）：**预测眼部疾病，比专业医生更精准。**

AI 手术机器人：如达芬奇机器人，AI 辅助外科手术，提高手术精度。

任务挑战

- 研究 AI 在癌症检测中的作用，看看它如何提高诊断率。
- 思考：未来 AI 是否可以完全取代医生？为什么？

智能机器人开发者——让机器人更智能

AI 机器人将彻底改变我们的工作和生活，智能机器人开发者将成为未来的核心技术岗位。

智能机器人开发者负责设计、编程、优化 AI 机器人，让机器人能够自主完成任务，如自动驾驶、仓库搬运、家庭陪护等。

智能机器人开发者的核心任务

机器人视觉开发：优化 AI 识别物体、分析环境。

自动导航 AI：开发机器人在复杂环境中的自主决策能力。

人机交互 AI：让机器人能够听懂人类语言，进行流畅对话。

现实应用

Boston Dynamics（波士顿动力公司）机器狗：用于巡逻、灾后救援、物流配送。

特斯拉 Optimus（擎天柱）机器人：计划用于工厂自动化，提高生产力。

AI 家庭助手：如 Amazon Astro（智能机器人）可识别人脸、提供智能家居服务。

任务挑战

- 研究 AI 在机器人行业的应用，看看哪些领域已经实现自动化。
- 学习 ROS（机器人操作系统），了解 AI 机器人编程基础。

68 AI 在金融领域的应用——预测市场趋势

AI 已经成为华尔街的“超级交易员”，金融行业正在全面智能化。

AI 在金融行业的主要作用是风险控制、智能交易、市场预测，帮助企业和投资者做出更精准的决策。

AI 在金融领域的核心任务

量化交易 AI：分析市场数据，进行高频自动化交易。

信用评分 AI：基于用户历史行为，优化信用评估。

金融欺诈检测：AI 识别异常交易，预防洗钱、诈骗行为。

现实应用

高盛 AI 交易系统：利用 AI 进行超高速股票交易。

蚂蚁金服 AI 信贷：AI 自动评估贷款风险，提高金融普惠性。

AI 反欺诈：Visa（维萨）、MasterCard（万事达卡）采用 AI 监测异常交易，减少信用卡诈骗。

任务挑战

- 研究 AI 交易策略，看看量化交易如何改变股票市场。
- 思考：如果 AI 预测股市的能力超过人类，是否会造成金融市场不稳定？

AI 在娱乐行业的应用——电影、游戏与音乐创作

AI 在影视、游戏、音乐等娱乐行业的应用越来越广泛，它不仅可以生成内容，还能优化创作流程，提高作品质量。AI 正在成为我们人类的“创意合伙人”。

AI 在娱乐行业的核心任务

AI 剧本写作：分析经典剧本结构，生成新剧情。

AI 影视特效：自动抠图、去除背景、优化视觉效果。

AI 音乐生成：作曲、混音，生成全新音乐作品。

现实应用

迪士尼 AI 影像修复：修复老电影，提高画质。

Netflix AI 内容推荐：分析用户兴趣，精准推送影视作品。

AI 作曲工具（如 AIVA）：创作音乐，甚至为电影配乐。

任务挑战

- 让 AI 生成一个电影剧本大纲，看看它的创意如何。
- 研究 AI 在游戏行业的应用，看看 AI 如何自动生成游戏地图和角色。

 未来的 AI 职业是什么——你可以创造新的工作

未来，AI 会催生哪些全新的职业？也许你可以创造一份属于自己的 AI 工作。

随着 AI 的发展，很多传统职业将被 AI 取代，但同时也会出现全新的 AI 相关职业，你也可以成为行业的开拓者。

未来可能出现的新 AI 职业

AI 心理咨询师：辅助心理治疗，提高心理健康服务普及率。

AI 叙事设计师：生成互动式故事，让游戏和影视更具沉浸感。

AI 训练师：优化 AI 学习过程，让 AI 更贴合特定行业需求。

现实应用

元宇宙 AI 设计师：打造虚拟世界，让 AI 角色与玩家互动。

AI 伦理审查员：监管 AI 内容，确保其符合社会道德标准。

AI 驾驶安全官：监控自动驾驶系统，优化道路安全。

任务挑战

- 研究 AI 在未来 10 年的就业趋势，看看哪些行业最容易受 AI 影响。
- 思考 AI 未来可能创造的新职业，并描述它的工作内容。

有关 AI 的学习资源

— 第八部分 —

有哪些 AI 学习网站——推荐入门资源

想学 AI，但不知道去哪里找资源？下面这些网站可以帮助你轻松入门。

学习 AI 不一定要花大价钱，有很多免费和高质量的 AI 课程、论坛、工具，可以帮助你快速掌握 AI 知识。

AI 学习网站推荐

Coursera（https://www.coursera.org/）：斯坦福大学、麻省理工学院等名校提供的 AI 课程，适合系统学习。

Kaggle（https://www.kaggle.com/）：AI 竞赛平台，有海量数据集和教程，适合实战训练。

Fast.ai（https://www.fast.ai/）：免费的深度学习课程，适合没有 AI 经验的人入门。

DeepLearning.AI（https://www.deeplearning.ai/）：吴恩达（Andrew Ng）创办的 AI 学习平台，适合专业进阶。

任务挑战

- 访问上文中的一个网站，报名一门免费的 AI 课程，看看它是否适合你。
- 在 Kaggle 上运行一个 AI 代码示例，看看 AI 如何处理数据。

如何学 Python 编程——AI 编程语言入门

Python 是 AI 领域最重要的编程语言，学好它，你就迈出了第一步。

Python 以简洁易读、强大的库生态，成为 AI 领域的首选语言，适合初学者入门 AI 开发。

Python AI 开发的核心技能

基本语法：变量、循环、函数，掌握 Python 基础。

数据处理：学习 NumPy、Pandas 进行数据分析。

机器学习：用 Scikit-Learn 训练简单的 AI 模型。

现实应用

自动化任务：用 Python 编写自动化脚本，提高办公效率。

数据分析：Python 处理大数据集，挖掘有价值的信息。

AI 开发：Python 结合 TensorFlow、PyTorch（开源的 Python 机器学习库）进行深度学习训练。

任务挑战

- 在 Jupyter Notebook（交互式笔记本）运行一段 Python 代码，体验 Python 的简洁性。
- 使用 Pandas 处理一个简单的数据集，看看 Python 如何分析数据。

如何用 AI 写代码——AI 辅助编程工具

AI 可以帮助开发者写代码，让编程变得更轻松。

AI 编程助手（如 GitHub Copilot、ChatGPT、Tabnine）已经能够自动补全代码、优化代码结构，甚至修复程序错误，极大地提升了编程效率。

AI 编程助手的核心功能

代码自动补全：预测下一行代码，提高编写速度。

Bug 发现和修复：识别代码错误，并提供修复建议。

代码优化：提高代码效率，减少冗余代码。

现实应用

GitHub Copilot：基于 OpenAI Codex（AI 代码生成训练模型），帮助程序员自动编写代码。

ChatGPT 编程助手：可以生成代码片段，并解释其功能。

Tabnine：AI 驱动的智能代码补全工具，支持多种编程语言。

任务挑战

- 让 ChatGPT 生成一个 Python 爬虫代码并运行。
- 研究 GitHub Copilot，看看它如何提高开发者的编程效率。

如何使用 AI API——让 AI 接入你的应用

你可以让 AI 变成你的应用的一部分，只需要调用 AI API（Artificial Intelligence Application Programming Interface，简称 AI API，指人工智能应用程序编程接口）。

AI API 让开发者无须训练 AI 模型，直接调用 AI 服务，实现 AI 能力接入应用。

主要的 AI API

OpenAI API：提供 ChatGPT、DALL · E、Whisper（语音识别）等服务。

Google Cloud（谷歌云）AI API：提供 AI 视觉、语音、翻译、AutoML（机器学习）等服务。

Amazon Web Services（亚马逊云平台）AI API：提供 AI 语音助手、推荐系统等。

现实应用

AI 聊天机器人：集成 OpenAI API，打造智能客服。

AI 图片处理：用 AI API 识别图像，自动分类。

语音识别：使用 AI API 将语音转换为文本，提高工作效率。

任务挑战

- 申请一个 OpenAI API Key，调用 GPT-4 生成文本内容。
- 研究 Google Cloud AI API，看看它如何帮助企业实现 AI 能力。

推荐几本 AI 相关的书籍——AI 爱好者的必读书目

为什么要读 AI 相关书籍

AI 是一个技术与理念相结合的领域，理解它不仅需要掌握技术，还需要了解其背后的理论、发展历程和应用场景。无论你是技术学习者、行业从业者，还是 AI 爱好者，这些书籍都可以帮助你从不同角度深入了解人工智能。

推荐的 AI 书籍分类与推荐理由

❶ 入门书籍——理解 AI 的基础

适合对 AI 感兴趣但没有技术背景的初学者。

《人工智能简史》（*A Brief History of Artificial Intelligence*）的作者为迈克尔·伍尔德里奇（Michael Wooldridge）。本书讲述了人工智能的起源、发展历程及未来趋势，语言通俗易懂，适合非专业技术背景的读者，能帮助读者快速了解 AI 的基本概念和社会影响。

《人工智能：智能系统指南》（*Artificial Intelligence: A Guide to Intelligent Systems*）的作者为迈克尔·尼格尼维斯基（Michael

Negnevitsky），介绍了人工智能的基本概念和应用案例，包括专家系统、机器学习和 NLP。本书内容涵盖广泛且基础清晰，是学习 AI 的入门读物。

❷ 技术书籍——深入 AI 技术的核心

适合对 AI 技术有基础了解并希望深入学习的读者。

《机器学习实战》（*Machine Learning in Action*）的作者为彼得·哈灵顿（Peter Harrington）。本书详细介绍了机器学习算法的原理和实践案例，代码主要基于 Python 实现。本书理论结合实践，适合想动手做项目的学习者。

《深度学习》（*Deep Learning*）的作者为伊恩·古德费洛（Ian Goodfellow）、约书亚·本吉奥（Yoshua Bengio）、亚伦·库维尔（Aaron Courville）。本书是深度学习领域的权威教材，系统介绍了深度学习的基础知识、理论框架和应用案例。对于想深入学习深度学习理论的人，这是一本“圣经”级书籍。

《统计学习基础》（*The Elements of Statistical Learning*）的作者为特雷弗·哈斯蒂（Trevor Hastie）、罗伯特·蒂布希拉尼（Robert Tibshirani）、杰罗姆·弗里德曼（Jerome Friedman）。本书从统计角度解释机器学习模型，覆盖回归、分类等核心内容，理论性强，适合希望深入了解 AI 算法的读者。

❸ 应用书籍——AI 在行业中的落地实践

适合对 AI 应用场景感兴趣的读者。

《AI 极简经济学》（*Prediction Machines*）的作者为阿杰伊·阿格拉沃尔（Ajay Agrawal）、乔舒亚·甘斯（Joshua Gans）、阿维·戈德法布（Avi Goldfarb）。本书探讨了 AI 如何通过预测能力改变商业模式和行业实践。对于希望了解 AI 商业价值的读者来说，这是一本极具洞察力的书籍。

《AI·未来》（*AI Superpowers*）的作者为李开复，分析了中美两国在 AI 领域的发展对比，以及 AI 对社会和就业的深远影响。本书聚焦实际应用和未来趋势，语言简洁易懂。

《九大人物》（*The Big Nine*）的作者为艾米·韦伯（Amy Webb），讨论了 AI 技术如何由九大科技巨头（如谷歌、微软等）推动，并可能塑造未来社会，为读者提供了 AI 商业和社会影响的全景视角。

④ 思想类书籍——探索 AI 的哲学与伦理

适合对 AI 哲学、伦理学以及社会学影响感兴趣的读者。

《超级智能：路线图、危险性与应对策略》（*Superintelligence: Paths, Dangers, Strategies*）的作者为尼克·波斯特洛姆（Nick Bostrom）。本书探讨了 AI 发展到超级智能的可能性以及相关的社会风险，对未来 AI 的伦理和风险进行了深入思考。

《算法霸权》（*Weapons of Math Destruction*）的作者为凯西·奥尼尔（Cathy O'Neil）。本书讨论了 AI 算法如何造成偏见和不公平现象，帮助读者理解 AI 技术可能带来的社会问题。

《生命 3.0：人工智能时代，人类的进化与重生》（*Life 3.0: Being Human in the Age of Artificial Intelligence*）的作者为迈克斯·泰格马克（Max Tegmark）。本书从科学、哲学和社会学角度探讨了 AI 如何塑造人类的未来，提供了关于 AI 如何影响未来社会的宏观视野。

如何选择适合自己的 AI 书籍

根据学习阶段：

- 入门阶段可选择通俗易懂的科普书籍，如《人工智能简史》。
- 进阶阶段可选择技术类书籍，如《机器学习实战》《深度学习》。
- 应用阶段可选择行业和应用相关书籍，如《AI 极简经济学》。

结合职业需求：

- 想进入 AI 行业的读者，可以选择技术和应用类书籍。
- 对哲学和社会学影响感兴趣的读者，可以选择思想类书籍。

建议你从简单到复杂，从理论到实践，循序渐进地扩展自己的 AI 知识体系。

总结

AI 是一个快速发展的领域，通过阅读书籍可以帮助你系统化学习和深入理解。从基础入门到专业应用再到哲学思考，不同的书籍能满足不同的学习需求。选择适合自己的书籍，让 AI 学习成为提升自己能力的有力工具。

76 有哪些免费的 AI 工具——体验 AI 的最佳方式

你不需要花钱，就可以体验 AI 的强大功能。

市面上有很多免费或试用版的 AI 工具，涵盖文本生成、图像处理、语音识别、代码编写、数据分析等多个领域，让你可以无门槛体验 AI 的强大能力。

免费 AI 工具推荐

DeepL（https://www.deepl.com/）——高质量 AI 翻译工具，比 Google 翻译更精准。

可画（https://www.canva.cn/）——AI 生成 PPT、海报、Logo，适合设计新手。

Runway ML（https://runwayml.com/）——免费 AI 视频编辑工具，支持智能抠图、自动剪辑。

现实应用

写作创意：用 ChatGPT 生成文章、报告、文案，提高创作效率。

图像设计：可画帮助你快速生成社交媒体海报和宣传图。

AI 代码补全：Hugging Face（抱抱脸）让你试验 AI 代码生成工具，提高编程效率。

任务挑战

- 选择一个 AI 工具，尝试用它完成一个任务（如用 ChatGPT 写一篇短文、用可画设计一张海报）。
- 在 Hugging Face 上运行一个 AI 模型，看看它的实际效果如何。

77 如何关注 AI 的最新动态——AI 新闻与社区

AI 发展日新月异，如何第一时间获取最新资讯？

AI 领域的技术更新极快，了解最新的 AI 研究、产品发布、行业趋势，可以帮助你提高竞争力。

AI 资讯获取渠道

❶ AI 新闻网站

The Batch（https://www.deeplearning.ai/thebatch/）——DeepLearning.AI 每周 AI 新闻摘要。

Synced（https://syncedreview.com/）——聚焦 AI 研究、产业动态。

Arxiv（https://arxiv.org/）——最新 AI 研究论文发布平台。

❷ AI 论坛和社区

Kaggle Discussions（https://www.kaggle.com/discussions）——AI 竞赛社区，适合交流 AI 开发经验。

❸ AI 会议与活动

神经信息处理系统大会（Conference and Workshop on Neural Information Processing Systems，简称 NeurIPS）、国际学习表征

会议（International Conference on Learning Representations，简称ICLR）、IEEE国际计算机视觉与模式识别会议（IEEE Conference on Computer Vision and Pattern Recognition，简称CVPR）——世界顶级AI会议，关注最新AI论文和其突破。

现实应用

研究AI前沿动态：关注最新AI模型（如GPT-5、Gemini）如何发展。

参与AI讨论社区：与全球AI爱好者交流学习经验。

订阅AI新闻简报：每周获取最新AI趋势，提高信息敏感度。

任务挑战

- 选择一个AI资讯网站，浏览最新AI研究动态，并总结一条你认为重要的趋势。
- 加入一个AI论坛，在其中发帖或回复一个关于AI技术的问题。

78 AI 竞赛与挑战——参与 AI 项目提升技能

为什么 AI 竞赛是提升技能的好途径

AI 竞赛是一种通过解决实际问题来应用 AI 知识的实践方式。它不仅能帮助你掌握 AI 技术，还能锻炼你解决问题的能力、团队协作的能力和执行项目的能力。参与 AI 竞赛，你可以接触到行业真实场景的挑战，同时将比赛成绩和作品展示在简历中，为未来的职业发展提高竞争力。

AI 竞赛可以带来的好处

❶ 实战经验

通过比赛接触真实问题，比如预测房价、图像分类、NLP 等，积累实用经验，从而学会如何使用真实数据集、处理数据噪声和优化模型性能。

❷ 技术提升

在比赛中可以尝试和学习最新的 AI 技术和工具，比如深度学习框架（TensorFlow、PyTorch）和数据分析方法，提升数据清洗、特征工程、模型训练和调参的综合能力。

❸ 团队合作

许多比赛鼓励团队参与，培养跨学科协作的能力，学习与数据科学家、工程师协作完成项目。

❹ 职业发展

比赛的优秀成绩可以作为简历的亮点，让你在求职时脱颖而出。获奖纪录和作品展示可以提高你在 AI 领域的知名度。

AI 竞赛推荐

Kaggle——全球最大的 AI 竞赛平台，有企业赞助的 AI 挑战赛。

Google AI Challenge——谷歌组织的 AI 竞赛，面向全球开发者。

AI For Good Challenge——聚焦 AI 在环境、健康、社会公益的应用竞赛。

NeurIPS AI Challenges——由顶级 AI 会议 NeurIPS 组织的 AI 挑战赛。

ImageNet Competition——AI 视觉挑战赛，测试 AI 在图像识别领域的表现。

现实应用

学习 AI 真实应用：接触 AI 在金融、医疗、交通等行业的案例。

提高算法优化能力：在 Kaggle 竞赛中练习调参、特征工程。

创建 AI 作品集：提升简历竞争力，吸引企业招聘 AI 人才。

如何在 AI 竞赛中表现更好

从基础入手：不要追求过高的难度，先熟悉基础任务和工具。

善于学习和借鉴：利用比赛平台的讨论区和优秀解决方案，吸取经验和技巧。

注重代码规范：编写清晰、易于理解的代码，为团队协作或后续复盘打好基础。

提升数据处理能力：数据清洗和特征工程往往决定了比赛结果的好坏。

总结

AI 竞赛是学习 AI 技术的绝佳途径，通过参与真实问题的解决过程，你可以将理论知识转化为实战能力，同时积累行业经验。选择适合的平台和比赛类型，结合持续学习和团队协作，你将快速提升 AI 技能，为进入 AI 行业打下坚实的基础。

AI 学习的误区——避免常见错误

什么是 AI 学习的误区

在使用 AI 工具或学习 AI 相关知识时，人们往往会因为缺乏全面了解而产生一些误解或误区。这些误区可能导致对 AI 的学习效率低下、工具使用不当，甚至对 AI 的能力产生过高或过低的期望。

常见的 AI 学习误区及应对方法

❶ AI“无所不能”

误区：认为 AI 是万能的，可以解决所有问题，甚至替代人类完成所有工作。

例子：有人希望 AI 能直接生成一部高质量的小说或自动完成复杂的项目，而不需要人为干预。

实际情况：AI 只能在它的训练范围内运作，对于复杂的情感表达、创造性任务或未知领域，仍然需要人类的指导和干预。

应对方法：理解 AI 的局限性，把它当作辅助工具，而不是完全替代人类的解决方案。

❷ 过度依赖 AI

误区：在学习或工作中过于依赖 AI，忽视自己的独立思考和能力培养。

例子：学生在写论文时，只使用 AI 生成内容，而不去查阅资料或验证信息。

实际情况：AI 生成的信息可能存在错误或偏差，完全依赖它会导致学习质量下降。

应对方法：使用 AI 作为辅助工具，通过验证和思考来确保信息的准确性，同时培养自己的分析能力。

❸ AI 的回答一定是正确的

误区：认为 AI 生成的答案一定是准确无误的，不需要进一步核实。

例子：当 AI 回答一个历史问题时，用户直接引用其答案，后来发现数据和事实有明显错误。

实际情况：AI 的回答可能基于错误或过时的数据，其结果需要验证。

应对方法：核实 AI 生成的内容的来源，尤其是在学术、医疗或其他专业领域。

❹ 忽视 AI 工具的学习成本

误区：以为 AI 工具上手就会，忽视了了解其功能、学习其操作方法的必要性。

例子：用户下载了一个 AI 绘图软件，但不了解如何输入合适的关键词或调整参数，导致生成的作品质量不佳。

实际情况：AI 工具需要学习和练习，使用效率与熟练程度直接相关。

应对方法：在使用新工具前，花时间学习教程或使用指南，逐步探索其功能。

❺ AI 学习只需要技术，不需要与场景结合

误区：认为学习 AI 只是掌握编程或算法，而不需要结合实际应用场景。

例子：一些初学者学习了基础的机器学习模型，但不知道如何将其应用到具体的行业中。

实际情况：AI 的价值在于应用，技术学习和实际问题结合才能发挥其真正的潜力。

应对方法：学习时结合自己的兴趣或职业需求，设计小型实践项目，比如数据分析、预测模型等。

❻ AI 能完全自主学习，不需要人类干预

误区：以为 AI 的学习过程是完全自主的，不需要人为干预或指导。

例子：希望 AI 自动生成高质量的翻译内容，而没有设置上下文或提供必要的背景信息。

实际情况：AI 需要人为输入明确的任务目标、数据集和上下文提示，才能输出符合需求的结果。

应对方法：在使用 AI 时，提供清晰的输入和具体的提示，

并对结果进行人工审查。

❼ AI 学习等于编程学习

误区：把 AI 学习简单等同于学编程，只关注代码，而忽视 AI 背后的逻辑和应用。

例子：学习 AI 时，只研究 Python 代码，却不了解如何设计算法解决实际问题。

实际情况：AI 学习包含算法、数学原理、应用场景等，编程只是实现这一学习过程的一部分。

应对方法：学习 AI 时，注重理解基础原理和应用逻辑，比如模型的工作原理、训练数据的选择等。

总结

学习 AI 需要有科学的心态，既不能高估它的能力，也不能低估它的价值。避免这些常见误区，可以更好地利用 AI 辅助学习、提升效率，同时培养批判性思维，确保学习成果更加扎实可靠。记住：AI 是工具，真正的核心竞争力仍然是人类独有的判断力和创造力。

如何找到与 AI 相关的工作——AI 行业的就业指南

为什么 AI 行业值得关注

人工智能是当下最具发展潜力的领域，其广泛的应用推动了各行业的技术升级。从自动驾驶到医疗诊断，从智能客服到个性化推荐，AI 正在深刻改变世界。AI 相关的工作不仅薪资优渥，还具有很强的成长潜力，是许多人职业发展的理想方向。

AI 行业的主要就业方向

❶ 数据科学家

职责：收集、清洗、分析数据，从中提取有价值的信息，为业务决策提供支持。

技能要求：熟练掌握 Python、R 等编程语言，具备数据可视化能力和统计学知识。

典型工具：Pandas、NumPy、Tableau、Power BI。

工作领域：金融、零售、互联网、电商等行业。

❷ 机器学习工程师

职责：设计、训练和部署机器学习模型，优化算法性能。

技能要求：精通深度学习框架（如 TensorFlow、PyTorch），了解常见算法（如回归、分类、聚类）。

典型工作：开发推荐系统、语音识别、图像分类等技术。

❸ 数据工程师

职责：构建和优化数据管道，为 AI 模型提供高质量的数据。

技能要求：熟悉大数据技术（如 Hadoop、Spark），擅长数据存储和 ETL（提取、转换、加载）流程。

典型工作：在企业中搭建数据平台，支持 AI 项目的数据需求。

❹ CV 工程师

职责：开发基于图像和视频处理的 AI 技术，比如人脸识别、自动驾驶。

技能要求：熟悉 OpenCV、CNN（卷积神经网络）模型、YOLO（You Only Look Once）等技术。

应用场景：自动驾驶、安防监控、医疗影像分析。

❺ NLP 工程师

职责：开发语音助手、智能客服、翻译等语言处理系统。

技能要求：掌握 Transformer 模型（如 GPT、BERT），熟悉文本分析技术。

典型工作：语音识别、文本生成、情感分析。

❻ AI 产品经理

职责：将 AI 技术与实际业务结合，规划和设计与 AI 相关的产品和服务。

技能要求：了解 AI 技术的基本原理，具备良好的沟通能力和产品设计能力。

典型工作：规划智能推荐系统、自动化运营工具等产品。

如何进入 AI 行业

❶ 学习相关技能

学习路径有以下几种方式：

基础：掌握 Python、SQL（结构化查询语言，Structured Query Language）等编程语言，以及数学、统计学基础。

中级：学习机器学习和深度学习算法。

高级：了解数据工程、NLP、CV 等细分领域的应用。

推荐的学习平台有：

Coursera、Udemy：提供全面的 AI 课程。

Kaggle：通过实战项目提升数据分析和建模能力。

知乎、哔哩哔哩：获取中文 AI 学习资源和案例。

❷ 参加 AI 比赛和项目

可比赛的平台：

Kaggle：全球数据科学比赛平台，适合新手和高级开发者。

天池：阿里巴巴举办的 AI 竞赛平台。

这些获得的比赛成绩是展示你的能力的重要凭证，也可以成为简历上的亮点。

通过参与真实项目积累经验，学习团队协作。

❸ 构建个人作品集

内容包括 3 个方面：

项目案例：如搭建一个推荐系统或开发一款简单的语音助手。

数据分析报告：展示你对数据的理解能力。

开源贡献：将代码上传到 GitHub，展示技术实力。

可选择实际问题作为项目主题，比如预测房价、图像分类等。

❹ 寻找实习机会

可在知名企业或研究机构中寻找与 AI 相关的实习机会，比如数据分析、机器学习应用等。

寻找途径有：

校招网站：利用学校资源获取实习信息。

在线平台：LinkedIn（领英）、Indeed、Boss 直聘等。

AI 创业公司：成长迅速的小公司更容易为新人提供机会。

❺ 持续学习，关注前沿技术

- 阅读 AI 领域的论文和最新研究成果。
- 关注与 AI 相关的技术论坛和会议（如神经信息处理系统大会、IEEE 国际计算机视觉与模式识别会议）。
- 订阅 AI 行业新闻，了解与 AI 相关的技术和市场趋势。

AI 行业就业的常见误区

❶ 误区：AI= 高级程序员

AI 领域需要多种角色，比如产品经理、数据分析师，编程只是其中一部分。

❷ 误区：学会算法就能就业

实际应用中，数据清洗、模型部署和业务结合同样重要。

❸ 误区：门槛太高

AI 行业有多种岗位，从基础数据处理到算法研究，学习路径因岗位而异。

总结

AI 行业的发展前景广阔，但需要明确目标和持续学习。通过掌握核心技能、参与实战项目、创建作品集，你可以快速提升竞争力，找到适合自己的与 AI 相关的工作。

记住，AI 行业并非只为技术精英开放，只要勤于学习、勇于实践，人人都有机会进入这个充满创新的领域。

20 个 AI 思维

——AI 如何改变人类的生活方式

附录

从“背知识”到“会提问”

过去：记住大量知识点，考试考记忆力。

现在：AI 能随时提供答案，关键是如何问对问题。

过去的学习模式强调死记硬背，我们需要记住数学公式、历史事件、化学方程式，考试考察的是记忆力。现在，AI 让我们可以随时查询知识，但这意味着真正重要的能力不再是背诵，而是问对问题。

AI 如何改变思维

知识获取方式改变：你不需要背诵所有知识点，而是要学会用 AI 快速找到答案。

提问技巧成为核心能力：AI 回答的质量取决于你的提问方式，会提问比会记忆更重要。

对批判性思维的需求增强：AI 能给出多种答案，人类需要学会判断哪些信息是可靠的。

现实应用

学生使用 ChatGPT、Google Bard 查找学习资料，而不是死记硬背。

研究人员用 AI 分析文献，比传统检索更快、更精准。

职场人士用 AI 撰写报告、优化表达，提高工作效率。

任务挑战

- 让 ChatGPT 解释“量子计算”，然后优化你的问题，看 AI 是否能给出更清晰的答案。
- 向 AI 提出一个开放式问题（如“未来最有潜力的行业是什么”），看看它如何回答。

从“填鸭式学习”到“个性化教育”

过去：所有学生按同样的课程学习。

现在：AI 根据个人需求定制学习路径，让每个人学自己需要的知识。

传统教育是“一刀切”，所有学生按照相同的教材、课程进度学习。但 AI 时代，学习变得高度个性化，每个人都可以根据自己的兴趣、节奏、强弱项动态调整适合自己的学习路径。

AI 如何改变思维

学习方式变得智能化：AI 通过分析学习记录，推荐最适合的学习资料。

实时反馈提高效率：AI 可以随时测试你掌握的知识的程度，并调整难度。

因材施教成为可能：不同学生的学习进度、兴趣、理解能力都能得到个性化优化。

现实应用

可汗学院教学：评估学生的弱点，提供个性化练习。

多邻国语言学习：调整课程难度，确保最佳学习体验。

Coursera 课程推荐：根据你的学习习惯，推荐最适合你的课程。

任务挑战

- 使用多邻国进行语言学习，观察 AI 如何根据你的学习进度调整难度。
- 让 AI 帮你制订一份“30 天 Python 学习计划”，看看它如何个性化推荐内容。

从“纸质书”到“动态知识”

过去：书籍是静态的，知识更新慢。

现在：AI 能实时分析新知识，信息永远保持最新。

过去，我们依赖纸质书籍获取知识，但书籍的更新速度远远跟不上知识发展的速度。现在，AI 让知识变得动态、实时、个性化，你可以随时获取最新的研究、观点、趋势。

AI 如何改变思维

知识不再是固定的：AI 让知识可以随时更新，不再受限于出版周期。

学习资源更加智能：AI 根据你的兴趣，动态调整推荐内容。

信息筛选能力变得关键：AI 生成的信息海量增长，人类需要更强的信息甄别能力。

现实应用

Google Scholar AI 推荐：基于你的研究方向，动态推荐最新论文。

AI 生成个性化新闻摘要：如 Perplexity AI，人工智能搜索引擎，让你不再阅读过时信息。

ChatGPT 实时学习：不断更新的 AI 知识库，比传统百科全书更快。

任务挑战

- 让 AI 帮你总结今天的全球科技新闻，看看它的信息更新速度如何。
- 用 AI 生成你感兴趣领域的“最新研究动态”摘要。

从“靠经验”到“数据驱动”

过去：决策依靠个人经验和直觉。

现在：AI 分析大量数据，帮助人们做出最优决策。

在过去，商业决策、医学诊断、投资预测主要依赖人的经验，但现在，AI 让数据成为决策的核心依据，减少了主观偏见，提升了精准度。

AI 如何改变思维

决策更加科学化：AI 通过海量数据分析，减少人类的主观误差。

预测更精准：AI 可以提前发现趋势，如预测股票市场趋势、疾病暴发等。

减少认知偏见：AI 基于数据提供建议，而非依赖个体经验。

现实应用

AI 量化交易：华尔街的 AI 交易比人类更快、更精准。

AI 医疗预测：AI 诊断癌症的准确率比部分医生更高。

AI 营销决策：Netflix（网飞）预测用户喜欢的电影，提高推荐成功率。

任务挑战

- 用 AI 预测某个行业的未来趋势，看看它的分析是否合理。
- 让 AI 分析你的消费数据，看看它能否准确预测你的购物习惯。

从“写代码”到“对话编程”

过去：程序员需要手写代码，精通编程语言。

现在：AI 能根据自然语言描述生成代码，降低门槛。

以前，编程需要掌握复杂的语法、调试错误，但现在，AI 让“自然语言编程”成为可能，任何人只需描述需求，AI 就能生成代码。

AI 如何改变思维

降低编程门槛：AI 让非技术人员也能实现编程。

提高开发效率：程序员可以让 AI 自动补全代码，加快开发速度。

减少 Debug 负担：AI 帮助自动修复代码，提高代码质量。

现实应用

GitHub Copilot：AI 代码补全，让开发者更高效。

ChatGPT 代码助手：输入需求，AI 直接生成 Python、JavaScript 代码。

Google PaLM 2（多模态模型）代码解释器：**自动优化代码，减少程序错误。**

任务挑战

- 让 ChatGPT 帮你写一个简单的 Python 计算器代码。
- 让 AI 修复一段错误的代码，看看它的 Debug（计算机排除故障）能力如何。

从“人找工作”到“AI 匹配岗位”

过去：求职需要不断投简历，筛选职位。

现在：AI 分析个人能力，精准匹配最合适的岗位。

过去，求职者需要浏览无数招聘信息，投递简历、参加面试，而企业人力资源部门也要花大量时间筛选简历、评估候选人。现在，AI 求职匹配系统可以帮助人们更快地找到适合的岗位，企业也能精准筛选合适的人才。

AI 如何改变求职模式

个性化推荐岗位：AI 结合你的技能、经验，推荐最佳职位。

智能简历优化：AI 帮助优化简历，提高通过率。

AI 面试评估：AI 进行模拟面试，分析你的表现，并提供改进建议。

现实应用

LinkedIn AI 求职推荐：根据用户的职业背景和兴趣推荐职位。

HireVue AI 面试：分析求职者的语音、肢体语言，预测求职者是否适合该岗位。

Google 招聘 AI 搜索：基于用户的技能和偏好，精准推荐工作机会。

任务挑战

- 在 LinkedIn 搜索你的职业方向，看看 AI 如何推荐职位。
- 让 AI 帮你优化简历，看看它如何调整措辞，提高通过率。

从“死记硬背”到“即时调用”

过去：人们必须记住大量数学公式、日期、历史事件。

现在：AI 能秒查所有知识，人类只需专注于理解和应用。

在传统教育中，记忆力是关键，我们需要背诵大量知识点，但随着 AI 的普及，知识不再是稀缺资源，而是随时可用的工具，人类的思维模式正在从“记忆知识”转向“如何高效使用知识”。

AI 如何改变知识管理

知识随时可得：AI 让信息获取变得即时、高效。

重点转向理解与应用：人类不再需要死记硬背，而是学习如何提炼核心概念并应用。

个性化学习路径：AI 根据用户需求，提供定制化学习内容。

现实应用

ChatGPT 知识查询：快速获取历史事件、数学公式、编程概念。

Wolfram Alpha 计算引擎：即时计算数学和科学问题，无须手动推导。

Google Lens 实时翻译：无须背诵大量外语单词，随时翻译文字。

任务挑战

- 让 AI 帮你讲解一个复杂的科学概念，看看它是否能更清晰地解释。
- 向 AI 提问“二战爆发的主要原因是什么”，对比 AI 的回答和你学到的内容，看看是否有不同之处。

 从“标准答案”到“创造性思维”

过去：考试强调唯一正确答案。

现在：AI 可以提供多种解法，人类更需要创造性思维。

传统的教育和考试模式强调标准答案，但现实世界中，很多问题往往没有唯一正确的答案。AI 可以提供不同角度的答案，促使人们思考更多可能性，培养人们的创造力和批判性思维。

AI 如何促进创造性思维

提供多种可能性：AI 可以生成多个解决方案，而非唯一标准答案。

启发新的思路：AI 结合不同领域的知识，帮助用户拓展视角。

辅助创新过程：AI 可以帮助艺术家、作家、科学家进行头脑风暴。

现实应用

AI 生成创意文案：广告公司用 AI 生成多种广告文案，从中选择最佳方案。

AI 设计产品概念：工程师用 AI 生成不同的设计方案，提高创新效率。

AI 写作助手：作家使用 AI 生成故事大纲，启发新的创作思路。

任务挑战

- 让 AI 生成一篇关于“未来城市”的故事，看看它能给出哪些新奇的设想。
- 让 AI 提供多种解决方案，比如“如何减少全球塑料污染”，看看它的建议是否具有创造性。

从“固定职业”到“多职业切换”

过去：人们大多终身从事一个职业。

现在：AI 降低了职业转换门槛，让人可以不断学习新技能。

以前，一个人可能在同一个行业工作几十年，而 AI 让人们可以更轻松地跨行业发展，学习新技能变得更加高效，职业流动性大大增强。

AI 如何让职业转换更简单

AI 辅助学习：在线 AI 课程和智能导师，帮助人们快速掌握新技能。

AI 自动化任务：AI 让许多传统工作更简单，使非专业人士也能胜任。

远程工作机会增加：AI 工具让自由职业者和远程工作更加普及。

现实应用

Udacity AI 课程：帮助工程师转型 AI 领域，提高职业竞争力。

Fiverr AI 自由职业者平台：AI 让用户可以更快地学习新技能，进入新行业。

AI 辅助编程：非程序员通过 AI 工具（如 GitHub Copilot）快速学习编程。

任务挑战

- 让 AI 帮你制订一份“3 个月职业转换计划”，看看它如何规划学习路径。
- 用 AI 辅助你学习一项新技能，比如数据分析或 UI 设计。

从“单人工作”到“人机协作”

过去：工作完全由人类完成。

现在：AI 可以协助人类完成大部分重复性任务，释放创造力。

AI 不会替代人类，但可以成为人类的智能助手，它可以处理烦琐任务，让人们专注于更具创造性的工作。

AI 如何改变工作模式

提高效率：AI 处理数据分析、文档整理，让员工更专注于创造性任务。

减少重复性工作：AI 进行自动化任务，如邮件分类、财务报表生成。

增强团队协作：AI 作为智能助理，帮助团队管理项目、优化流程。

现实应用

Slack AI 助手：组织工作对话，帮助团队高效沟通。

Microsoft Copilot：自动生成文档、PPT，减轻员工负担。

特斯拉自动化生产线：处理机械装配，提高生产效率。

任务挑战

- 让 AI 帮你总结一份工作报告，提高写作效率。
- 让 AI 规划你的下周日程，看看它如何优化你的时间管理。

从“医生诊断”到“AI 辅助医疗”

过去：医生依靠经验和化验结果做诊断。

现在：AI 可以分析海量病例，提供精准的疾病预测和个性化治疗方案。

传统医疗依赖医生的经验和人工检测，可能存在误诊、效率低、医疗资源分布不均等问题。AI 正在帮助医生提高诊断准确率，优化治疗方案，并让医疗资源更公平地分配。

AI 如何改变医疗思维

AI 早期诊断：AI 能从 X 光、CT、MRI 影像中发现人眼难以察觉的病变，提高癌症等疾病的早期发现率。

个性化治疗方案：AI 结合基因组学和病历数据，为患者提供最适合的治疗方案。

医疗资源优化：AI 远程诊断可以帮助偏远地区的患者获得专业医疗服务。

现实应用

Google DeepMind：诊断眼科疾病的准确率比专业医生更高。

IBM Watson Health：阅读医学论文，辅助医生制定最佳治疗方案。

Babylon Health：进行远程医疗咨询，提高基层医疗效率。

任务挑战

- 研究 AI 在癌症诊断中的应用，看看它如何提高医疗诊断精准度。
- 让 AI 提供一个健康管理建议，比如如何优化你的作息和饮食。

从“人教AI”到“AI自我进化”

过去：AI只能按照人类设定的规则运行。

现在：AI可以“自主”学习和优化，提高自身能力。

早期的AI只能按照固定规则执行任务，而现在的AI具备了自我进化的能力，可以通过海量数据学习，不断提升自身智能水平，甚至在某些任务上超越人类。

AI如何改变学习方式

自监督学习：AI不再完全依赖标注数据，而是能通过观察者模式自我训练。

强化学习：AI通过试错和奖励机制，不断优化策略，如AlphaGo在围棋上的突破。

持续进化：AI在使用过程中会不断学习新信息，提高理解能力。

现实应用

OpenAI GPT模型：通过大规模数据训练，不断提升语言理解能力。

DeepMind AlphaFold：通过自我优化，预测蛋白质折叠结构，助力生物科技。

自动驾驶 AI：通过路况数据学习，不断提高驾驶安全性。

任务挑战

- 让 AI 解释它是如何“学习”的，看看它如何描述自己的进化方式。
- 研究 AI 在围棋、象棋等策略游戏中的发展，看看它是如何超越人类的。

从“专属助手”到“人人 AI 秘书”

过去：只有企业家和高管才会请助理。

现在：AI 秘书可以帮助所有人管理时间、总结信息、规划日程。

过去，只有企业家和高层管理者才会雇用私人助理，而现在，AI 秘书已经普及，普通人也可以拥有一个随时在线、无须薪水的智能助手。

AI 如何改变工作方式

日程管理：AI 可自动安排会议、提醒待办事项，提高时间管理效率。

信息整理：AI 可自动总结邮件、会议记录，减少信息处理负担。

智能决策支持：AI 可分析数据，提供工作优化建议。

现实应用

Microsoft 365 Copilot（微软的电脑系统）：自动整理邮件、生成汇报，提高办公效率。

Google Assistant：帮助用户管理日程、发送提醒，提高生产力。

Reclaim AI（智能日程管理方案的工具）：自动安排最佳时间进行任务，提升时间利用率。

任务挑战

- 让 AI 帮你整理一天的任务清单，并安排最优时间。
- 让 AI 帮你阅读一封长邮件，看看它是否能提炼关键信息。

从“拍照存档”到“AI记忆增强”

过去：人们用照片和笔记记录信息。

现在：AI可以整理、归纳、回忆重要信息，辅助记忆。

以前，我们依赖笔记、照片、录音来记录信息，而AI让信息管理更智能化，不仅可以帮你整理笔记，还能自动归纳、检索，甚至在你需要时主动提醒。

AI如何改变记忆方式

智能笔记整理：AI自动分类、归纳、搜索笔记，避免信息遗失。

增强记忆回忆：AI可在适当的时间提醒你回顾重要信息，提高记忆效率。

语音到文本：AI记录会议、课堂内容，并自动转换成结构化笔记。

现实应用

EvernoteAI助手：自动整理笔记，优化知识管理。

Otter.ai语音转录：自动记录会议内容，提高工作效率。

Google Lens：识别书籍、菜单、文档，自动提供翻译或相关信息。

任务挑战

- 让 AI 生成一份你过去 3 个月的重要事件清单，看看它的整理能力如何。

从“电视遥控器”到“语音控制一切”

过去：人们用遥控器、按键等操作设备。

现在：AI语音助手让人可以用说话控制家电、汽车、甚至整个智能系统。

过去，我们必须手动操作电子设备，而现在，语音控制技术让人与机器的交互更加自然，只需动口就能操控家电、汽车、计算机等设备。

AI如何改变交互方式

解放双手：AI语音助手可执行任务，如打电话、设定闹钟、播放音乐。

多设备协同：AI连接家电，实现智能家居联动，如“回家模式”自动开灯。

NLP提升：AI语音助手能够更准确地理解复杂指令，提高用户体验。

现实应用

Amazon Alexa & Google Assistant：通过语音控制家电、播放

音乐、查询天气等。

特斯拉语音控制：让驾驶员用语音操作导航、空调，提高驾驶安全。

智能会议室 AI：自动记录语音、生成会议纪要，提高办公效率。

任务挑战

- 让 AI 语音助手（如 Siri、Alexa）控制你的智能家居设备。
- 让 AI 生成一份未来 10 年智能语音交互的趋势预测，看看它的答案是否符合你的预期。

从“通勤上班”到“虚拟工作空间”

过去：人们的工作需要去办公室完成。

现在：AI和虚拟协作工具让人在家也能高效工作。

过去，人们必须每天上下班，花费大量时间在通勤上，而AI和远程协作工具正在彻底改变办公方式，让远程工作、虚拟会议、跨国协作变得更加高效。

AI如何改变办公模式

远程协作智能化：AI会议助手自动生成会议摘要，提高会议效率。

AI任务管理：AI通过数据分析优化日程安排，提高团队生产力。

虚拟现实（VR）+ AI：AI结合VR，让远程办公更加沉浸式，提升团队协作感。

现实应用

Zoom AI会议助手：自动记录会议重点，提高会议回顾效率。

Microsoft Teams AI助理：帮助管理团队任务，提高工作效率。

Meta Horizon Workrooms：AI+VR 让团队可以在虚拟现实中协同办公。

任务挑战

- 用 AI 会议助手（如 Otter.ai）生成你的会议纪要，看看它的记录能力如何。

从“普通搜索”到“智能知识引擎”

过去：人们在搜索引擎上输入关键词寻找信息。

现在：AI可以理解问题并提供精准、个性化的答案。

传统搜索引擎依赖关键词匹配，但AI让搜索更加智能化，不仅能理解用户意图，还能直接提供最佳答案，甚至进行个性化推荐。

AI如何改变搜索方式

理解上下文：分析用户的历史搜索，提高精准度。

生成答案：直接生成完整答案，而不只是提供网页链接。

多模态搜索：用户可以通过语音、图片、视频进行搜索，而不只是文本。

现实应用

Google Search AI：智能搜索结果，直接生成摘要并回答用户的问题。

Perplexity AI：基于GPT-4的AI搜索引擎，提供高质量答案，而不是传统的网页列表。

Google Lens：AI 视觉搜索，用户可以用照片识别物体、翻译文本、获取购物信息。

任务挑战

- 让 ChatGPT 进行一个搜索任务，看看它的回答是否比 Google 给出的结果更有价值。
- 用 Google Lens 扫描书中的内容，看看 AI 如何提供相关信息。

 从“人类创作”到“人机共创”

过去：艺术、写作、音乐等创作完全依赖人类。

现在：AI可以协助创作，让普通人也能成为艺术家、作家、作曲家。

过去，创作是人类独有的能力，但AI让艺术、写作、音乐创作变得更加高效、多样化，并降低了创作门槛。现在，普通人也可以借助AI快速生成创意作品，甚至与AI进行“共创”。

AI如何改变创作模式

自动化创作：AI可以生成文本、绘画、音乐，甚至设计建筑。

辅助创意：AI帮助艺术家、作家、音乐人寻找灵感，提高创作效率。

跨界融合：AI结合不同艺术风格，创造全新的艺术形式。

现实应用

Midjourney、DALL·E AI画图：生成高质量的艺术作品。

ChatGPT辅助写作：帮助作家撰写小说、剧本、文章，提高创作效率。

AIVA AI 作曲：生成音乐，让没有音乐基础的人也能创作。

任务挑战

- 让 AI 画一张“未来城市”主题的插画，看看它的创意如何。
- 让 AI 生成一首歌词，然后你自己谱曲，完成一首由 AI 和人类合作的歌曲。

从“千篇一律”到“超级个性化”

过去：广告、教育、医疗等行业为人们提供的服务内容都是标准化的。

现在：AI 能根据个人需求定制内容，满足个性化体验。

传统行业通常采用统一标准，但 AI 让个性化成为可能，每个人都可以获得符合自己的需求的内容、产品、服务，做出的方案不再千篇一律。

AI 如何推动个性化

智能推荐系统：AI 分析用户兴趣，推荐最相关的内容。

个性化教育：AI 根据学习习惯，提供定制化学习路径。

精准医疗：AI 结合个人健康数据，提供专属治疗方案。

现实应用

Netflix AI 推荐算法：根据观看历史推荐个性化影视内容。

Spotify AI 音乐推荐：识别用户喜好，生成个性化歌单。

AI 健康管理：Apple Watch、Fitbit（记录器产品）结合 AI 提供个性化健康建议。

任务挑战

- 让 AI 推荐一部电影或一首歌，看看它的推荐是否符合你的口味。
- 让 AI 帮你生成一个个性化的学习计划，看看它如何根据你的需求调整内容。

 从“人与人沟通”到“人与AI交互”

过去：人与人之间的沟通是获取信息的主要方式。

现在：人们可以直接和AI交流，从中获取知识、建议和灵感。

过去，我们主要通过人与人之间的交流获取知识、解决问题，而现在，AI成为新的沟通对象，人们可以随时与AI交流，获取精准、高效的反馈，甚至建立“类社交”关系。

AI如何改变沟通方式

即时知识获取：ChatGPT、Claude等AI可以随时解答问题，比传统搜索更快。

使用语音助手：Siri、Alexa让用户可以直接“对话”，而不需要手动输入。

生成对话伙伴：AI可以提供情感支持，甚至作为心理咨询助手。

现实应用

ChatGPT和Google Bard：帮助用户解答问题、整理信息，提高沟通效率。

Replika：充当陪伴式聊天助手，提供情感支持。

任务挑战

- 与 AI 进行一次深度对话，例如探讨“人类未来的社会模式”。
- 让 AI 生成一段模拟对话，看看它能否做到自然、真实。